孕镶金刚石钻头胎体材料的腐蚀磨损特性及机理研究

YUNXIANG JINGANGSHI ZUANTOU TAITI CAILIAO DE FUSHI MOSUN TEXING JI JILI YANJIU

潘秉锁　杨　洋　段隆臣　谭松成　著

图书在版编目(CIP)数据

孕镶金刚石钻头胎体材料的腐蚀磨损特性及机理研究/潘秉锁等著.—武汉:中国地质大学出版社,2023.12

ISBN 978-7-5625-5719-7

Ⅰ.①孕… Ⅱ.①潘… Ⅲ.①金刚石钻头-腐蚀磨损-研究 Ⅳ.①P634.4

中国国家版本馆 CIP 数据核字(2023)第 249814 号

孕镶金刚石钻头胎体材料的腐蚀磨损特性及机理研究

潘秉锁 杨 洋 段隆臣 谭松成 著

责任编辑:王 敏 选题策划:江广长 责任校对:徐蕾蕾

出版发行:中国地质大学出版社(武汉市洪山区鲁磨路 388 号) 邮编:430074

电 话:(027)67883511 传 真:(027)67883580 E-mail:cbb@cug.edu.cn

经 销:全国新华书店 http://cugp.cug.edu.cn

开本:787 毫米×1092 毫米 1/16 字数:154 千字 印张:6

版次:2023 年 12 月第 1 版 印次:2023 年 12 月第 1 次印刷

印刷:武汉邮科印务有限公司

ISBN 978-7-5625-5719-7 定价:35.00 元

序

随着国民经济的持续快速发展，我国对资源能源的需求日益增长。为了解决资源能源安全问题，地质勘探不仅深度不断加大，广度也从内陆向冻土区、海洋等复杂区域扩展。针对冻土区、海洋、盐膏层、含天然气水合物地层等钻探中的一些技术问题及深孔、超深孔钻进中的高温问题，研究人员开发了各种盐水冲洗液并广泛使用。但由于其高导电率和高氯离子含量，盐水冲洗液对钻具造成了强烈腐蚀。例如，在青海省阿克楚克塞矿区，随着配浆用水中氯离子含量从丰水期的156mg/L升高到枯水期的64 530mg/L，在地层和钻进条件基本不变的情况下，孕镶金刚石钻头的平均寿命下降了近一半。分析认为，钻头寿命降低是由于钻头的磨损机理从以机械磨损为主转向了腐蚀磨损。

钻进过程中，钻头的磨损是决定钻头寿命、钻进效率和钻进成本的主要因素。有关金刚石钻头的磨损已经有很多研究工作。研究者从不同角度研究了钻头的磨损问题，为钻头结构设计、胎体配方选择等提供了重要的理论支持。但研究者没有考虑或忽视了冲洗液在钻头磨损中所起的化学/电化学作用。相对于机械磨损，大部分情况下纯腐蚀的作用可以忽略，但腐蚀-磨损协同作用对材料流失有着不可忽视的影响，它造成的损耗甚至可能超过机械磨损。腐蚀-磨损协同作用的存在，是设计时仅考虑了岩石可钻性的普通钻头在盐水冲洗液中使用寿命低的根本原因。由于腐蚀-磨损协同作用的显著存在，单纯从耐磨性角度显然难以全面解释钻头质量流失规律，以耐磨性为基础的钻头设计和选型理论也是不完善的。由此可见，要提高钻头在盐水冲洗液中的性能，必须研究钻头的腐蚀磨损特性，尤其是腐蚀与磨损的相互促进作用。

因此，金刚石钻头的腐蚀磨损规律可被用于指导我们根据不同工况寻求胎体材料耐磨性和耐蚀性的最佳搭配，并使两者及其之间的交互作用满足钻头寿命和钻进效率的平衡。尽管目前已经有一些有关钻头材料冲刷磨损-腐蚀的研究，但所研究材料的复杂度和模拟的工况与孕镶金刚石钻头在盐水冲洗液中的腐蚀磨损条件可比性较小。

鉴于以上分析，为了深入探究盐水冲洗液中热压孕镶金刚石钻头胎体的腐蚀磨损机理，笔者重点研究了冲洗液盐度、孕镶金刚石钻头胎体组分及其含量和缓蚀剂对胎体材料腐蚀、磨损、腐蚀-磨损协同作用的影响规律及其作用机理。与基于机械磨损的孕镶金刚石钻头设计理论相比，笔者在考虑机械磨损作用的同时，考虑了冲洗液对胎体的腐蚀作用及腐蚀与机械磨损的交互作用，因此对钻头的质量流失机理有了更全面的认识。本书的研究可以为孕镶金刚石钻头胎体配方的设计和钻头的选型以及盐水冲洗液添加剂的选择提供更好的理论支撑，完善了孕镶金刚石钻头的设计理论，有助于提高钻探工作的技术经济效益。本书的研究也有助于读者认清化工机械、选矿机械、污水泵等工作于腐蚀环境设备的失效机理，为相关零件的设计提供借鉴。

感谢中国地质大学（武汉）杨凯华教授的悉心指导！感谢研究生彭亮、姚远基、刘志江、王文正、张超在本书试验数据获取和分析方面所作的重要贡献！

著　者

2023 年 7 月

目 录

1 绪 论

1.1 金属材料的腐蚀磨损

当金属材料在腐蚀性环境中发生摩擦时，它的表面通常会出现材料的过量流失现象。这种相对运动的金属材料表面之间由同时发生机械和化学/电化学相互作用而导致的材料或其功能的不可逆转变现象，称为腐蚀磨损（Munoz et al.，2020）。腐蚀磨损广泛地存在于现代工农业的各个领域。在石油化工、矿山、能源及交通的各种机械设备中都存在由腐蚀磨损导致的零部件损伤，过流部件、管道内表面及在腐蚀性介质中工作的摩擦副等更是容易出现腐蚀磨损损伤。

腐蚀磨损是一个相对较新的研究领域，但它有着悠久的历史。腐蚀磨损的历史可以追溯到1875年，当时爱迪生观察到了电解液润湿的金属与白垩之间的摩擦系数随施加的电压变化而变化的现象（Zhu et al.，1994）。1960年以后，有关金属材料的摩擦氧化、摩擦化学或摩擦电化学问题得到了较多关注。但由于腐蚀磨损并不会像单纯的疲劳断裂或腐蚀损伤一样对材料产生突发性的巨大破坏而造成直观的工程事故，针对腐蚀磨损的系统研究起步较晚。直到20世纪80年代，腐蚀磨损问题才开始得到广泛的关注。美国国家航空航天局（NASA）所属的Lewis研究中心在测定了铁、钴、镍在酸、碱、盐溶液中的动摩擦系数与磨损体积变化后，首次较为系统地公布了金属材料摩擦系数与介质腐蚀性的关系（Rengstorff et al.，1982；Miyoshi et al.，1989）。而为了满足矿山开采的材料需求，南非科学家们对多种工程材料采用了腐蚀与磨损分开测试的试验方法进行性能评估（姜晓霞等，2003）。之后，为了满足对能源供应的需求，美国开始主导了对燃煤锅炉中存在的高温燃气导致的冲蚀腐蚀研究，而英国皇家海军则针对浆料冲蚀与管路气蚀问题展开了深入研究。此后经过不断发展，腐蚀磨损成为了一个新兴的研究领域。

Zelder首次提出了金属材料的腐蚀磨损并不是化学腐蚀与机械磨损的简单数学叠加，而是存在较大的交互作用，导致材料的总流失量远大于二者之和（Yang et al.，2023）。在一定条件下，由交互协同作用所造成的材料流失甚至可能超过机械磨损或化学腐蚀所造成的直接损耗。Weiser等（1973）对CF-8铸铁在硫酸砂浆与单独硫酸腐蚀和单独湿磨粒磨损条件下进行对比试验，结果表明，材料的腐蚀磨损速度是纯腐蚀和纯磨损速度之和的8～35倍。Kim等（1981）则采用电化学方法研究了材料在腐蚀磨损条件下的腐蚀行为，发现在磨料颗粒的机械磨损促进下，腐蚀速度增加了2～4个数量级。Watson等（1995）对金属材料腐蚀-磨损协同作用的研究进行了总结，认为腐蚀磨损的研究重点应该是磨损与腐蚀之间的交互协同作用，并对交互协同作用的量化描述进行了探索。

金属表面钝化膜的破坏与再生对揭示材料的腐蚀磨损机理具有重要意义。一些研究者认为金属材料在腐蚀介质中工作时，其表面会伴随着磨损作用或腐蚀作用而出现一层性质不同于基体金属的表面膜，由于摩擦力或磨粒冲击作用，表面膜会发生减薄甚至破裂(姜晓霞等，2003)。在腐蚀磨损过程中，由于材料表面的腐蚀和磨损行为与单独的腐蚀或者磨损作用有很大不同，其表面膜的存在形式也与单独的磨损或腐蚀行为有较大差异。一方面，磨损减薄或者破坏钝化膜，使得材料表面暴露在溶液中，溶液的搅动加速了腐蚀产物(金属离子)扩散，表面剪切力增加了表面位错、空位等缺陷，增加材料表面活性从而导致腐蚀加速，金属的腐蚀速度得到提高(Ding et al.，2007；Henry et al.，2009)。另一方面，腐蚀过后的材料表面疏松多孔，很容易被摩擦副或磨粒破坏，增加了材料损失量，同时增加了金属表面粗糙度，破坏了组织完整性，降低了结合强度，使得磨损加剧。正是腐蚀与磨损之间这种基于表面膜变化的交互协同作用存在，使得腐蚀磨损既不同于化学腐蚀那样随着时间积累，腐蚀速率逐渐降低，也不同于一般的机械磨损造成材料的质量流失会随摩擦时间线性增加，而是呈现出会随着材料性质与其工作环境改变而变化的复杂规律。

由以上可以看出，腐蚀磨损过程是由多因素导致的复杂过程，金属材料本身的成分和结构是决定材料机械性能和腐蚀磨损特性的物质基础，但是材料所处的腐蚀介质的离子种类，pH 值，介质中磨粒硬度、粒度及其浓度，以及由磨损方式引起的载荷差异，都会对材料的腐蚀磨损性能产生显著影响。因此，根据材料的工程应用背景对其展开有针对性的腐蚀磨损研究，探讨各种工况条件对其腐蚀磨损行为及机理的影响，对工程应用中材料选择、表面处理、保护措施以及机械结构设计都是十分必要的。

1.2 钻头材料的腐蚀磨损研究现状

钻头的腐蚀磨损现象早在 20 世纪 80 年代就已经引起了一些研究者的注意。当时的研究主要关注阴极保护对钻头在钻进过程中质量流失的影响。有关钻头磨损的电化学问题，Hoenig 等(1983)的研究可能是最早的。他们在含有 5.6%膨润土、0.95% $NaHCO_3$、13.4% NaCl 的泥浆中，研究了硬质合金钻头和 PDC 钻头钻进砂岩和灰岩过程中施加电流对钻头磨损的影响，结果表明，施加的反向电流对钻头可起到阴极保护作用从而减少钻头的磨损。Hinkebein 等(1983)认为钻头的磨损很大一部分归因于磨损与腐蚀的协同作用，因此进行了以冲洗液驱动孔底发电机为电源对钻头和钻杆施加阴极保护的研究。Fink(1986)研究了硬质合金钻头钻进灰岩过程中阴极保护对硬质合金表层硬度和磨损的影响，认为冲洗液会选择性腐蚀黏结剂(钴)引起硬质合金表层硬度下降，而阴极保护可以显著提高钻头寿命和机械钻速。这些工作对磨损和腐蚀的细节研究不多，但为钻头的腐蚀磨损研究奠定了基础。

随后的研究主要集中在海上石油钻井、盐膏层钻进等冲刷磨损腐蚀环境中牙轮钻头、复合片钻头的防冲刷磨损腐蚀问题上。有关热喷涂 WC 基涂层的冲刷磨损腐蚀行为及机理研究最多。研究过的涂层主要有 WC-15Co3C(Kembaiyan and Keshavan，1995)、WC-10Co4Cr(Perry，2001)、WC/Ni-Cr-Si-B(Reyes and Neville，2003)、WC-12Co-6Cr(Souza and Neville，

2003)、WC-11Ni(Thakare et al.,2007)、WC-6Co(Thakare,2008)等。为研究这些材料的冲刷磨损腐蚀特性,通常利用耦合了电化学分析系统的冲蚀试验台进行试验,以含各种硬质颗粒的 NaCl 溶液、NaOH 溶液为冲蚀介质,研究的因素包括冲洗介质组分、温度、攻角等,最终确定冲刷磨损、腐蚀及磨损-腐蚀协同作用在材料总流失量中的百分比。这些涂层在不同的冲蚀介质中的腐蚀磨损行为差别很大。例如,尽管在含 Al_2O_3颗粒氩气流冲蚀下超级爆炸 WC 涂层的冲蚀坑深度要大于氧乙炔火焰喷焊层和热喷-炉熔涂层,但在泥浆冲蚀下,其冲蚀坑深度要比后两种小得多。再者,同样是 WC-10Co4Cr 涂层,在含石英砂的 3.5% NaCl 溶液中冲刷磨损-腐蚀协同作用造成的流失量达到质量流失总量的 40%,但是在含 SiC 颗粒的 NaOH 溶液中冲刷磨损-腐蚀协同作用造成的流失量为-18%~-12%。协同作用的性质和贡献率都发生了改变,这可能主要与介质是否含卤素离子有关。此外,环境温度、固相颗粒及其含量、涂层制备工艺(Cui et al.,2017)对涂层的冲刷磨损腐蚀性能也有很大影响。

有关 PDC 钻头胎体材料的耐冲刷磨损腐蚀性能也有一些研究。有关温度、盐度和含砂量对 PDC 钻头热压钴基胎体材料在含砂盐水中的抗冲蚀性能的影响研究表明,钴基胎体材料总的损失量在一定温度条件下随着 NaCl 浓度的增大而增大,并且在一定盐度条件下随着温度的升高而增大(Neville et al.,2002;张巨川等,2010)。江新洪等(2007)研究了泥浆对 PDC 钻头 WC 基胎体材料的冲刷磨损腐蚀性能,认为随着胎体材料中 Cu-Sn 合金含量的增加,胎体材料的抗冲蚀性下降。其原因是 Cu-Sn 合金在腐蚀性泥浆冲蚀作用下易产生原电池腐蚀反应,从而加剧了机械冲刷作用所产生的磨损。

此外,硬质合金的腐蚀磨损性能也得到了一定的关注。这方面的研究主要是通过改变硬质合金的成分,然后探究其腐蚀磨损行为和机理的变化。在钴基黏结剂中添加 Cr 元素可以明显提高硬质合金在 0.1mol/L NaOH 溶液和含 100g/L 石英砂的 0.1mol/L H_2SO_4溶液中的耐冲刷磨损腐蚀特性,这表明胎体材料的耐蚀性对硬质合金的耐磨损腐蚀有重要影响(Toma et al.,2001)。石墨、碳化铬和碳化钒对 WC-Ni 硬质合金在 3% NaCl 溶液中的腐蚀和腐蚀磨损行为也有明显影响。石墨的加入相当于增大了腐蚀过程中的阴极面积,会降低硬质合金的耐腐蚀磨损性能,而碳化铬和碳化钒的加入可以明显提高硬质合金在 NaCl 溶液中的耐腐蚀磨损性能。这可能与摩擦区发生了元素转移形成了次生结构有关,该结构提高了耐蚀性(Pokhmurskyi et al.,2016)。硬质合金的质量流失也可能与腐蚀产物有关——氯化钴可以形成致密膜层而硫酸钴孔隙大且附着力差。随着钴的溶解,硬质合金的硬度下降,质量流失增大(Ige et al.,2017)。一般认为,采用合金黏结剂可以提高硬质合金的耐腐蚀磨损性能,但硬质合金的腐蚀磨损特性与材料的单一性质之间不存在简单的对应关系(Wentzel and Allen,1997)。

由以上研究可以看出,目前钻头腐蚀磨损问题的研究对象主要集中在用以保护 PDC 钻头和牙轮钻头的硬质合金涂层及其胎体材料上。这些研究在冲蚀介质盐度、介质中固相种类,以及含量、攻角、温度和材料成分对钻头材料的耐腐蚀磨损性能的影响方面取得了进展,对其机理也有较深刻的认识。在含有 NaCl 的介质中进行的研究都表明,硬质合金或钴基材料都会发生腐蚀和磨损的相互加剧,明显增大材料的流失量。这些工作对孕镶金刚石钻头在盐水冲洗液中的腐蚀磨损研究具有重要借鉴意义。不过这些研究的目的都在于延长钻头的使用寿命,而对于孕镶金刚石钻头来说,胎体材料的磨损不仅关乎钻头的寿命,也显著影响钻头的钻进效率。此外,孕镶钻头所受的冲刷磨损相对较弱,但摩擦磨损在钻头质量流失中却发挥着较强的作用。因此,孕镶金刚石钻头的腐蚀磨损行为及其机理是一个有待深入研究的问题。

1.3 颗粒增强金属基复合材料的腐蚀磨损研究

从材料结构角度看,孕镶金刚石钻头工作层是一种颗粒增强金属基复合材料。因此,颗粒增强金属基复合材料在含卤素离子溶液中的腐蚀磨损研究对本书的研究也有重要参考价值。对于颗粒增强金属基复合材料腐蚀磨损方面,目前的研究工作主要是以硬质颗粒提高材料的耐磨性,并考察它对胎体材料耐蚀性和腐蚀-磨损交互作用的影响。常用的增强颗粒有Al_2O_3、SiC、WC、B_4C、Cr_3C_2等。

Al_2O_3作为增强相加入镍基沉积层可以提高材料的硬度和耐腐蚀磨损性能。Al_2O_3颗粒均匀分散在合金层内,可对钝化膜提供有力的支撑从而抵挡磨粒的犁削破坏作用,降低腐蚀-磨损交互作用,但是也会降低复合材料的耐蚀性(卓城之等,2009;Lajevardi et al.,2017)。Al_2O_3颗粒加入铁基非晶热喷涂层和烧结钛基材料不但可以提高材料的耐腐蚀磨损性能,其耐蚀性也更好,而且受荷载变化的影响也更小。耐腐蚀磨损性能的提高来自Al_2O_3的化学稳定性和NaCl液滴对它较差的润湿性(Gordol et al.,2016;Yasir et al.,2016)。共晶铝锰合金加入Al_2O_3颗粒可以提高材料在腐蚀性溶液(新疆维吾尔自治区西克尔水库水体模拟液,水化学类型为SO_4·Cl-Na·Ca·Mg型)、腐蚀性溶液加磨粒[$w(SiO_2):w(Al_2O_3)=7:3$]和干摩擦条件下的耐磨性,其耐冲蚀性也更好,但是耐腐蚀性不明确(杨唐等,2013)。

SiC颗粒加入铝、镍、镍磷合金等材料中也可以提高材料的耐磨性。对于铝基材料,SiC颗粒浓度高于18%时,SiC颗粒突出于材料表面,才可以保护周围的金属基材免受磨损和腐蚀磨损;低于18%时,SiC颗粒的加入对耐磨性没有效果,磨损表面可见塑性流动和磨损加速的腐蚀痕迹(Vieira et al.,2011)。对于镍基材料,随着SiC颗粒浓度的提高,复合层腐蚀过程加快(Malfatti et al.,2009),而且颗粒的偏聚分布也会降低材料耐蚀性,导致磨损量增大(Bratu et al.,2007)。

WC颗粒的加入对提高CoW电沉积层和激光多道搭接熔覆Ni层的硬度与耐磨性有明显作用。CoW-WC复合材料的耐蚀性要优于CoW沉积层,而且滑动摩擦过程中,其耐蚀性能要高于滑动试验结束后,这与通常在钝态金属上观察到的现象相反。分析认为,原因在于钨对氧的还原反应的催化作用要低于WO_3。摩擦过程中材料表面的氧化层被去除,裸露的是钨;磨损停止后,钨重新氧化成WO_3(Ghosh and Celis,2013)。在激光熔覆镍基材料中,WC的加入也可以提高材料的耐冲刷腐蚀性能,但WC在冲击力作用下易在与基体的界面上形成微裂纹,界面附近基体耐蚀性降低而快速溶解,导致WC脱落,从而造成更多的材料流失(张大伟和张新平,2005)。高铬铸铁的腐蚀磨损试验结果也表明,碳化物/胎体界面处的胎体材料最容易发生优先腐蚀(Salasi and Stachowiak,2011),随后导致失去支撑的碳化物脱落。

B_4C和TiB-TiN_x也可以显著提高金属基材料的耐腐蚀磨损性能(Toptan et al.,2013;

Silva et al.,2017)。它们在 Ti 和 Al-Si-Cu-Mg 基质材料中是电化学中性的,即在磨损试验和腐蚀之后,颗粒与基质界面仍然接触紧密,两者附近没有出现优先腐蚀,颗粒与基质材料的界面对材料的腐蚀没有明显影响。

添加 Cr_3C_2 后,激光多道搭接熔覆 Ni 层在含有 5mol/L 石英砂、0.1mol/L NaCl 和 2mol/L H_2SO_4 的酸性砂浆中冲刷磨损腐蚀速率比 2Cr13 不锈钢基材降低了 60%(张大伟和张新平,2005)。冲刷磨损腐蚀抗力的提高与熔覆层的组织状态、硬度增大以及涂层的韧化性能等因素密切相关。

金刚石在耐磨材料中的应用很多,但是关于以它为增强相的复合材料耐腐蚀磨损性能的研究很少。冷喷涂铜层添加 31.79%的金刚石后,复合材料在人工海水中具有良好的耐腐蚀磨损性能,但金刚石的加入降低了开路电位,增大了腐蚀电流,说明耐蚀性变差(Wang et al.,2018)。

1.4 金属材料腐蚀磨损的研究方法

金属材料腐蚀磨损的研究方法通常随着材料使用工况的不同而不同。本书后续有关孕镶金刚石钻头胎体材料腐蚀磨损性能研究涉及的主要研究方法介绍如下。

1.4.1 静态腐蚀试验

失重法是一种最为经典的测量材料腐蚀性能的方法,主要通过测量材料经过一段时间腐蚀后其质量的变化来评定。虽然失重法不能够及时反映材料腐蚀的情况,但是这种方法简单易行,贴合实际工况,结果相对精确,配合原位电化学参数监测还可以对材料在腐蚀过程中的表现进行评价,通常被用来与其他测试方法比较。因此,本书选用失重法来获得腐蚀磨损过程中胎体试样由纯腐蚀引起的质量损失。

本书的试验步骤与试验条件参考了《金属与合金的腐蚀 腐蚀试验的一般原则》(ISO 11845—1995)以及《金属材料实验室均匀腐蚀全浸试验方法》(GB 10124—88)。试样尺寸为 8.5mm×8.5mm×15mm,首先将试样进行前处理,用 200 目、400 目、800 目和 1000 目的 SiC 砂纸逐级打磨需要腐蚀测试的表面,再在无水乙醇中进行超声波清洗,除去油污和表面杂质,腐蚀前用精度为 0.000 1g 的电子天平进行称重并记录。浸泡时间为 168h,温度为室温(约 20℃)。每种测试使用 3 个试样,最后取平均值以减少误差。静态腐蚀结束后,通过超声波清洗去除试样表面附着的腐蚀产物,干燥后称重,计算得出试样的纯腐蚀质量损失。

1.4.2 动电位极化曲线测量

极化曲线可以为金属的腐蚀动力学研究提供诸如腐蚀速率、自腐蚀电位、钝化电位等重要信息。此外,极化曲线分析法相比于失重法及其他化学分析法更加简单快捷,并具有良好的理论基础。因此,极化曲线的测量尤其是塔菲尔曲线的测量被研究人员广泛应用于腐蚀机理的研究工作中。

极化曲线分析法主要分为 3 种:塔菲尔曲线法、线性极化法和弱极化区极化曲线法。笔者主要测量了胎体腐蚀过程中的塔菲尔曲线。在进行测试前，首先将试样测试面(8.5mm×15mm)用200目、400目、800目和1000目的SiC砂纸逐级打磨，后用抛光机抛光至镜面光泽。将打磨好的试样焊接好导线，使用绝缘胶对非研究表面进行密封处理，然后使用无水乙醇对试样进行超声波清洗以除去表面油污和杂质，并使用吹风机吹干。极化曲线采用三电极体系进行测试：铂片电极为辅助电极(CE)，饱和甘汞电极为参比电极(RE)，待测的胎体材料为工作电极(WE)。在测试过程中，激发电位以线性扫描的形式被施加在工作电极(胎体)上，相应的响应电流则由CS310H电化学工作站记录。为更好地反映工作电极的阳极极化特性，施加的极化电位范围为体系初始稳定开路电位的正向0.2V至负向0.1V，线性扫描速度为2mV/s。

此外，缓蚀剂的性能一般通过缓蚀率(η)来表征，缓蚀率越高，缓蚀剂的缓蚀性能越好。测得极化曲线后，通过CS310H电化学工作站自带的分析软件进行塔菲尔拟合，可以获得试样在不同测试溶液中的腐蚀电流密度和腐蚀电位。依据加入缓蚀剂和不加入缓蚀剂的腐蚀电流密度，通过式(1-1)可以得到缓蚀率，以此来评价缓蚀剂的性能。

$$\eta = \frac{J_{corr}(0) - J_{corr}(i)}{J_{corr}(0)} \times 100\% \tag{1-1}$$

式中：$J_{corr}(0)$为试样在20%NaCl溶液中的腐蚀电流密度(A/cm^2)；$J_{corr}(i)$为试样在加入缓蚀剂(本书为BTA或IM)的20%NaCl溶液中的腐蚀电流密度(A/cm^2)。

1.4.3 原位开路电位测量

电极电位也是腐蚀电化学测试的主要参数之一，它可以反映出金属与电解液之间的界面结构和特性。电极电位的测量主要分为两种：一种是在无外加电流作用下的自腐蚀电位，即笔者测量的开路电位；另一种是在外加电流作用下测试极化电位。对于自腐蚀电位而言，它可以反映出材料表面的腐蚀热力学趋势。一般而言，自腐蚀电位数值越低，材料发生腐蚀的倾向也就越显著。

在磨损过程中，由于试样(工作电极)表面发生以阳极溶解为主的各种复杂的电化学反应，其表面状态随时间不断变化。为测量试样表面腐蚀状态的连续变化过程，笔者采用三电极体系对磨损过程中的试样表面开路电位进行原位监测。

1.4.4 电化学阻抗谱测试

电化学阻抗谱(electrochemical impedance spectroscopy，简称EIS)是指通过对电化学系统施加一个角频率为ω的正弦波电信号(电压或电流)X作为扰动信号，系统会相应输出一个角频率同样为ω的正弦波电信号(电流或电压)Y。两者的关系可以用以下的关系式来表示：

$$Y = G(\omega)X \tag{1-2}$$

因此，向电极系统中输入正弦波电流信号X得到正弦波电压信号Y，G则为电极系统的阻抗。电化学阻抗谱的测试是一种以小振幅的电信号为扰动信号的电化学测量方法，与动电位极化测试相比，避免了对电极体系产生较大影响，是一种无损检测。电化学阻抗谱测试所使用的电极系统和动电位极化测试完全相同，因而电化学阻抗谱的测试可以放在动电位极化测试之前，使得对同一种试样测得的数据有一定的对应关系。

笔者对电极系统施加了振动幅度为10mV的正弦波电压作为扰动信号，在10^5 Hz到10^{-2} Hz的频率范围内进行测试，每个数量级以内测10个点位。

1.4.5 胎体的腐蚀磨损试验

不同于普通的机械磨损，当孕镶金刚石钻头在盐水泥浆这样的腐蚀性介质中工作时，地层的机械磨损作用、泥浆的腐蚀作用以及腐蚀-磨损协同作用均会导致钻头质量的流失。因此，要提升金刚石钻头在盐水泥浆中的性能，除了考虑岩石可钻性、胎体耐磨性等常规因素的影响外，还必须研究钻头的腐蚀磨损机理，尤其是腐蚀与磨损的相互促进作用。

为模拟实际钻进中金刚石钻头的工作环境，揭示胎体的腐蚀磨损机理，笔者选用改进的LS-225型湿式橡胶轮磨粒磨损试验机对胎体试样的腐蚀磨损特性进行研究(图1-1)。为获取试验过程中胎体磨损表面的开路电位变化曲线，在磨损试验机的样品支架上嵌入了三电极体系，并将它与CS310H电化学工作站相连。试验载荷由"L"形连杆一端的砝码通过杠杆传导的作用施加，使胎体试样与橡胶轮在磨损试验中保持紧密接触。此外，外接的小型空压泵被用于向模拟泥浆中持续泵入空气，避免磨粒在试验过程中发生聚集沉积。与此同时，在橡胶轮旋转过程中，与橡胶轮轮盘焊接的金属弧形叶片也能在一定程度上起到搅拌模拟泥浆的作用，从而使磨粒在液体介质中分布均匀。

腐蚀磨损试验中，为模拟泥浆中的固体岩屑，盐水溶液中添加了不同粒径、不同浓度的磨粒(石英砂)。此外，NaCl含量、缓蚀剂含量、橡胶轮旋转速度、载荷和试验时间等因素对胎体材料的腐蚀磨损质量流失都有重要影响。具体磨损试验参数视需要确定。

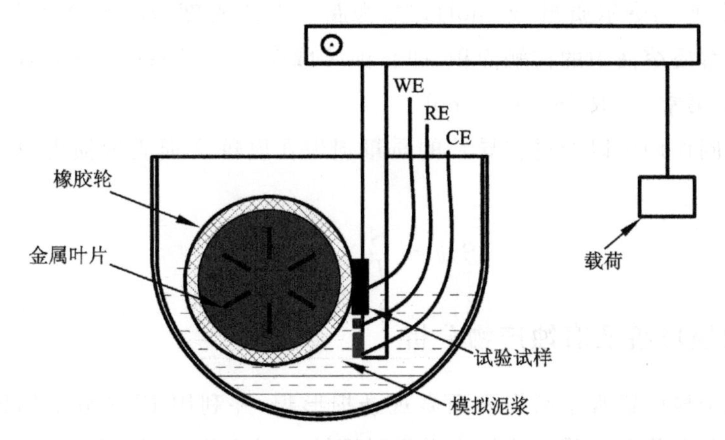

图1-1 改进的LS-225型湿式橡胶轮磨粒磨损试验示意图

试验开始前首先需要对试验样品进行抛光、除油等一系列处理，然后利用绝缘胶带密封胎体试样的5个非研究表面，仅暴露1个表面(大小为56mm×24mm)用于研究。胎体的磨损试验主要分为3个阶段：第一阶段，保持橡胶轮静止且不与试样接触以获得相对稳定电化学表面状态。第二阶段，通过磨损试验机的控制面板使橡胶轮开始转动。与此同时，通过"L"形连杆传导外加载荷使胎体试样与橡胶轮紧密接触，磨损30min。第三阶段，控制磨损试验机使橡胶轮停止转动，胎体试样表面重新获得稳定状态。完成试验后，利用高精度电子天平测量胎体磨损后质量并将其与初始质量相比，计算出磨损质量。

在测试原位电化学曲线时，与磨损试验机相连的电化学工作站被用于全程监控试验过程中胎体试样表面的开路电位变化。此外，在确定因纯腐蚀作用、纯机械磨损作用和腐蚀-磨损协同作用而导致的质量损失时，需要在相同试验参数条件下，分别进行有无阴极保护的磨损试验。具体操作步骤如下：首先，在无阴极保护的条件下进行试验，测出胎体的总磨损质量；然后，利用三电极体系对工作电极施加−1.0V（相对于标准饱和甘汞电极）的阴极保护电位，并在相同条件下重复磨损试验，测胎体磨损量，即为磨损过程中因纯机械作用而导致的质量损失；最后，结合静态塔菲尔曲线得到的腐蚀速率计算纯腐蚀量，并由以上 3 组数据确定因腐蚀-磨损协同作用导致的质量损失。

因为在腐蚀介质中的磨损机理不只是腐蚀作用和机械磨损的简单叠加，腐蚀作用和机械磨损的协同作用同样会导致不容小觑的质量损失。根据美国材料与试验协会所发布的 G119 号标准，腐蚀-磨损协同作用可以通过式(1-3)求出。

$$S = T - (A + C) \tag{1-3}$$

式中：T 为腐蚀磨损条件下材料产生的质量损失总量。按照导致质量损失的原因可以分为：S 是腐蚀和机械磨损协同作用导致的质量损失；A 是纯机械磨损导致的质量损失分量；C 是纯腐蚀作用导致的质量损失分量。

腐蚀磨损质量损失总量(T)中的腐蚀作用分量部分(C)可以通过式(1-4)计算获得。

$$C = \frac{M i_{corr} t A}{nF} \tag{1-4}$$

式中：M 为材料的平均摩尔质量(g/mol)；i_{corr} 为腐蚀电流密度(A/cm^2)；t 为腐蚀时间(s)；A 为材料表面与电解质溶液中的接触面积，即腐蚀区域面积(cm^2)；n 为氧化还原反应中的得失电子数；F 为法拉第常数，取 96 500C/mol。

腐蚀磨损协同作用可以通过它导致的质量损失在腐蚀磨损质量损失总量中的百分比来表示，即

$$S\% = \frac{S}{T} \times 100\% \tag{1-5}$$

1.4.6 磨损形貌及腐蚀产物分析

采用扫描电子显微镜观察磨损表面微观磨损形貌，并利用 EDS 分析胎体试样磨损表面不同区域的元素分布状况。采用拉曼光谱仪对腐蚀磨损产物进行分析，以便更好地展开胎体试样在含砂盐水溶液中的腐蚀磨损机理研究。磨损表面微观磨损形貌采用捷克 TESCAN 公司的 VEGA 3 型扫描电子显微镜观察，配置 EDS(牛津仪器 AZtecOne XT)分析胎体磨损表面各区域的化学元素分布。

腐蚀磨损产物采用德国 WITec 公司的 Alpha 300R 型共聚焦显微激光拉曼光谱仪进行分析，配备 5×、10×、20×、50×(N. A. =0.75)、50×(N. A. =0.55，WD=9.1mm)和 100×(N. A. =0.9，WD=0.31mm)蔡司物镜。采用 532nm 激光作为激发光源，最大输出功率为 75mW，可进行连

续调节。

胎体磨损表面的光学形貌以及三维点云数据采用基恩士三维激光扫描共聚焦显微镜(VK-X100K)获取。在采集三维点云的过程中，选用200倍的放大倍数，并控制载物台的移动，使得显微镜发出的激光完成对每个磨损试样中心大小为14mm×0.3mm区域的扫描。

1.5 本书的主要内容

本书的主要内容如下：

(1)盐水泥浆中氯化钠的含量对WC基胎体腐蚀、磨损和腐蚀-磨损协同作用的影响规律及其作用机理。通过极化曲线测试、腐蚀磨损试验、腐蚀磨损过程中胎体表面原位开路电位监测、腐蚀形貌观察和腐蚀产物鉴定，研究胎体腐蚀行为、腐蚀磨损特性、动态电化学腐蚀行为，分析WC基胎体在盐水泥浆中的腐蚀磨损机理。

(2)热压孕镶金刚石钻头胎体材料主要成分对胎体材料腐蚀磨损特性的影响及胎体配方优化。研究Fe、663Cu、WC的含量对胎体材料在盐水泥浆中的电化学特性和腐蚀磨损特性的影响及影响机理；利用均匀试验设计方法研究Fe、Cr、663Cu共3种组分的含量对热压孕镶金刚石钻头胎体在盐水泥浆中的腐蚀磨损质量流失的影响，通过对测试数据的回归分析，确定这些成分对胎体材料腐蚀磨损质量流失的影响规律，并进行配方优化。

(3)碳化物种类对热压烧结胎体材料腐蚀磨损特性的影响及其机理。以TiC、Cr_3C_2、B_4C共3种碳化物颗粒分别替代WC作为增强相，使用热压烧结的方法制备金属基复合材料，通过电化学试验获得每种金属基复合材料的腐蚀电位、腐蚀电流密度等电化学参数，研究碳化物颗粒对金属基复合材料耐腐蚀性的影响；通过腐蚀磨损试验，对比WC、TiC、Cr_3C_2和B_4C分别作为增强相的金属基复合材料在高浓度盐水泥浆中的质量损失，研究碳化物颗粒对金属基复合材料的腐蚀磨损性能的影响。通过扫描电子显微镜、拉曼光谱仪等表征手段对4种金属基复合材料的磨损表面形貌和腐蚀产物进行观察及检测，揭示4种材料的腐蚀磨损机理。

(4)WC及缓蚀剂对热压烧结胎体材料腐蚀磨损特性的影响及作用机理。WC对黏结相成分在静态腐蚀和动态腐蚀磨损下腐蚀磨损性能的影响；苯并三唑(BTA)和咪唑啉(IM)对孕镶金刚石钻头胎体材料WC-FJT、黏结相材料FJT在盐水泥浆中的电化学腐蚀特性的影响，分析两种缓蚀剂的作用机理并评价其作用效果。BTA和IM对FJT、WC-FJT腐蚀磨损性能的影响，讨论缓蚀剂在腐蚀磨损过程中的作用机理；研究缓蚀剂对钻井液pH值、流变特性(黏度和切力)的影响，确定其与泥浆的适配性。

2 盐度对 WC 基胎体腐蚀磨损特性的影响

2.1 引 言

随着我国矿产、油气资源开发区域的不断扩张，钻探作业范围也逐步由浅至深、由内陆向冻土区和海洋发展。在勘探开发过程中，钻遇页岩夹层、盐膏地层的概率也逐渐增加，在这类地层以及海洋钻探开发的过程中，为了有效防止地层水化、保持井壁和地层稳定，盐水泥浆被广泛使用。对于在盐水泥浆中回转钻进的金刚石钻头而言，除了与地层的机械磨损作用，盐水泥浆的化学/电化学侵蚀作用也会导致金刚石钻头的质量流失，降低金刚石钻头的使用寿命，影响钻井效率，增加钻探成本（宋学锋和周永璋，2005）。由此可见，研究盐水泥浆中孕镶金刚石钻头胎体的腐蚀磨损机理不仅有利于提升钻头在盐水泥浆中的性能，还可以完善钻头的设计理论。

腐蚀性环境是钻具材料在钻进过程中质量流失机制产生变化的重要原因。Gant 等（2004）对低应力磨损条件下 WC-Co 基硬质合金材料在强酸性（pH 值为 1.1）、中酸性（pH 值为 2.6 和 6.3）及 $Ca(OH)_2$ 碱性溶液（pH 值为 13）中的腐蚀和磨损行为进行了研究。结果表明，硬质合金材料在强酸性环境中发生严重的黏结金属溶解和硬质颗粒剥脱，腐蚀-磨损协同作用造成的体积损失比机械磨损或腐蚀作用单独造成的质量损失高一个数量级；在 pH 值为 2.6 和 6.3 时，材料的体积损失相差不大，黏结相的溶解和硬质颗粒的剥脱减少；在碱性环境下基本不发生腐蚀，磨损情况相对轻微。Hochstrasser 等（2007）也认为 WC-Co 基硬质合金在阳极极化条件下更容易在酸性和中性溶液中发生黏结金属的腐蚀和溶解，而在碱性条件下表现出钝化行为。Katiyar 和 Randhawa（2019）使用等离子水，含量为 3.5%和 5%的 NaCl 溶液，以及含有和不含有 Cl^- 的模拟矿井水溶液、土壤溶液和混凝土溶液作为腐蚀环境研究了 WC-Co 基硬质合金材料的腐蚀行为，结果表明，溶液中 NaCl 含量越高，材料的腐蚀速率越高；另外，在含有 Cl^- 的模拟溶液环境中，材料表现出更高的腐蚀速率。磨损表面的微观形貌图显示，腐蚀作用优先发生在 WC 颗粒与黏结金属的界面处，使 WC 颗粒失去支撑力而脱落。NaCl 浓度越高，黏结金属腐蚀溶解越严重，进而加速 WC 颗粒的脱落，降低金属基复合材料的耐磨性，造成更大的质量流失。

为了研究金属材料在各种工作环境下发生腐蚀磨损的规律，探寻腐蚀产物的生成规律，国内外科学家展开了关于各类卤素离子对材料腐蚀性能的研究。高义民等（1993）在研究介质酸根对高铬铸铁腐蚀磨损特性的影响时发现，相较于 SO_4^{2-} 与 NO_3^-，Cl^- 离子更易让合金材料发生腐蚀并造成大量质量损失。王吉会等（1997）研究了铜合金在调制的 3.5% NaCl+S^{2-}

人工海水中的腐蚀磨损行为，发现腐蚀速度随着S^{2-}含量的增大而明显增大；认为这是由于铜合金在Cl^-的影响下与S发生反应生成了Cu_2S膜，这种膜的黏附性较差且较为疏松，因此在固体颗粒的切应力作用下Cu_2S膜发生破裂出现脆性裂纹，使合金表层脆化，从而产生脆性剥落，加速铜合金的腐蚀磨损。进一步地，朱禄发(2016)在研究316L、2205等不锈钢在海水环境中腐蚀磨损行为时，发现Cl^-极易吸附在金属表面，导致不锈钢发生马氏体转变，而产生的马氏体和未转变的奥氏体组成了微观电耦合，从而改变了表面钝化膜的特性和稳定性，随着摩擦副的往复运动极大地破坏了钝化层的致密性，降低了不锈钢的耐腐蚀性。

笔者在本章主要研究了模拟泥浆中NaCl含量对胎体材料腐蚀磨损质量流失以及微观形貌的影响，并结合胎体腐蚀磨损产物分析了WC基胎体在模拟盐水泥浆中的腐蚀磨损机理。

2.2　盐度对WC基胎体耐腐蚀磨损性的影响

热压金刚石钻头常用的胎体配方都是以WC颗粒为骨架材料的。WC基胎体的烧结温度高，胎体硬度高，耐磨性强，在地质勘探工作中得到了广泛应用。因此，笔者在本章选用WC基胎体配方进行腐蚀磨损特性的研究。选用的试验胎体配方为WC基配方，其成分组成为30%WC+16%Co+15%Fe+39%CuSn10。试样烧结所用的设备为电阻式SM-100A自动智能烧结机，烧结温度为880℃，压力为15MPa，保温保压时间为4.5min。烧结后胎体试样的基本力学性能参数如表2-1所示。

表2-1　试样的基本力学性能参数

密度/($g \cdot cm^{-3}$)	硬度/HRB	抗弯强度/MPa	冲击韧性/($J \cdot cm^{-2}$)
9.95	80	205	4.1

为模拟泥浆中的固体岩屑，试验选用的磨粒是目数为40目和80目的石英砂，且这两种砂子的混合质量比例为1∶1。此外，5种不同NaCl含量的模拟泥浆被用于研究NaCl含量对胎体腐蚀磨损特性的影响。具体试验参数见表2-2。

表2-2　腐蚀磨损试验参数

参数	数值
旋转速度/($m \cdot min^{-1}$)	260
试验时间/min	30
橡胶轮直径/mm	178
液体介质砂水比	0.3
液体介质盐水浓度	0、3.5%、10%、20%、饱和

2.2.1　腐蚀磨损质量损失

在盐水泥浆这样的强腐蚀性介质中工作的钻头不仅要承受机械磨损的破坏作用，还受到电化学腐蚀作用的影响。在这类工况下，钻头的质量流失不是单纯的机械磨损问题，而是腐蚀磨损综合作用的结果。具体而言，除了地层对钻头的机械磨损作用以外，泥浆的腐蚀作用以及腐蚀磨损的协同作用均能导致胎体材料的质量流失。

通过试验和计算，得到的各因素导致的胎体质量损失如表 2-3 所示。由表中数据可知：随着模拟泥浆中的 NaCl 含量增加至饱和，胎体的总流失质量也近似线性地增加至 3.1mg。此外，对于各个盐水浓度条件下的腐蚀磨损质量损失而言，机械磨损造成的胎体质量损失远远大于腐蚀作用所造成的质量损失，即机械磨损仍是导致胎体质量流失的主要原因。分析认为，造成这种现象的原因之一是胎体材料的烧结条件影响了胎体的硬度，试样的耐磨性不高。但是，因腐蚀相关作用导致的质量损失（腐蚀作用和腐蚀磨损协同作用）却不容忽视。在饱和盐水泥浆中，这两种作用所导致的胎体质量损失占总质量损失的比例高达 47%。此外，对胎体试样施加阴极保护可以显著降低胎体试样的磨耗。试验数据显示，当对胎体施以 −1.0V 的阴极保护时，在不同 NaCl 含量的模拟泥浆中所测得的胎体质量损失均有不同程度的降低。与此同时，施加阴极保护后，胎体在各个盐水浓度的模拟泥浆中所测得的磨损量相差不大，它们的均值甚至没有超过清水环境下胎体磨损量的 5%，这也从侧面证明了阴极保护对抑制腐蚀性环境中电化学腐蚀相关作用的有效性。

表 2-3　腐蚀磨损各分量的质量损失　　单位：mg

NaCl 含量	0	3.5%	10%	20%	饱和
T	1.58	1.7	2.2	2.6	3.1
A	—	1.56	1.59	1.58	1.64
C	—	0.029	0.198	0.337	0.518
S	—	0.111	0.412	0.683	0.942

2.2.2　腐蚀磨损形貌及腐蚀产物

为了确认磨痕形貌图像中各个区域的化学成分，采用能谱仪对胎体磨损表面的特定位置进行了成分扫描，结果如图 2-1 所示。由图 2-1a 和图 2-1b 可以发现：胎体腐蚀磨损表面 SEM 图中明亮区域的主要化学元素为 C 和 W，即图中明亮区域所代表的物质为胎体的骨架材料 WC 颗粒。由图 2-1c 可知，围绕 WC 颗粒的暗色区域的主要元素为 Co、Cu、Sn 等金属元素，这说明与 SEM 图中暗色区域所对应的物质为胎体材料的黏结剂。

为进一步分析模拟泥浆中 NaCl 含量对胎体腐蚀磨损微观形貌的影响，笔者在本章分别选取了模拟泥浆中 NaCl 含量为 10% 与饱和时的胎体腐蚀磨损表面的 SEM 形貌进行分析，并将其与清水环境中所形成的胎体磨损面的 SEM 图进行对比，结果如图 2-2 所示。

对于腐蚀磨损的微观形貌而言，当模拟泥浆的液体介质为不含 NaCl 的清水时，胎体磨损表面（图 2-2a）主要分布着因机械犁掘作用而形成的沟壑，没有出现明显的腐蚀痕迹。随着盐水泥浆中 NaCl 含量的增加，胎体磨损表面上的腐蚀痕迹逐渐出现并变得明显。如图 2-2b 和图 2-2c 所示，WC 颗粒与胎体黏结剂界面之间出现沟壑并逐渐增大，表明腐蚀磨损过程中腐

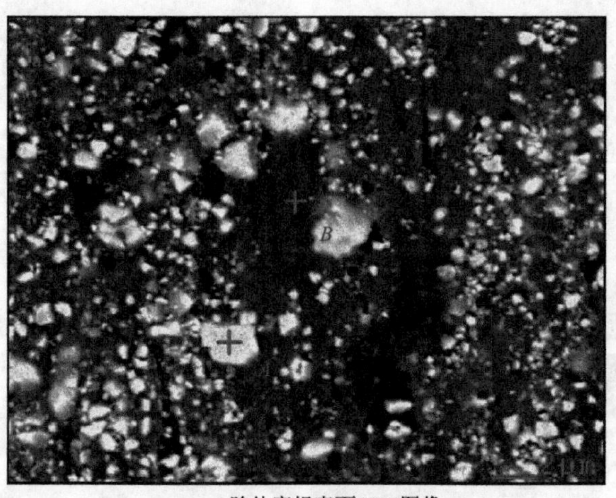

a.胎体磨损表面SEM图像

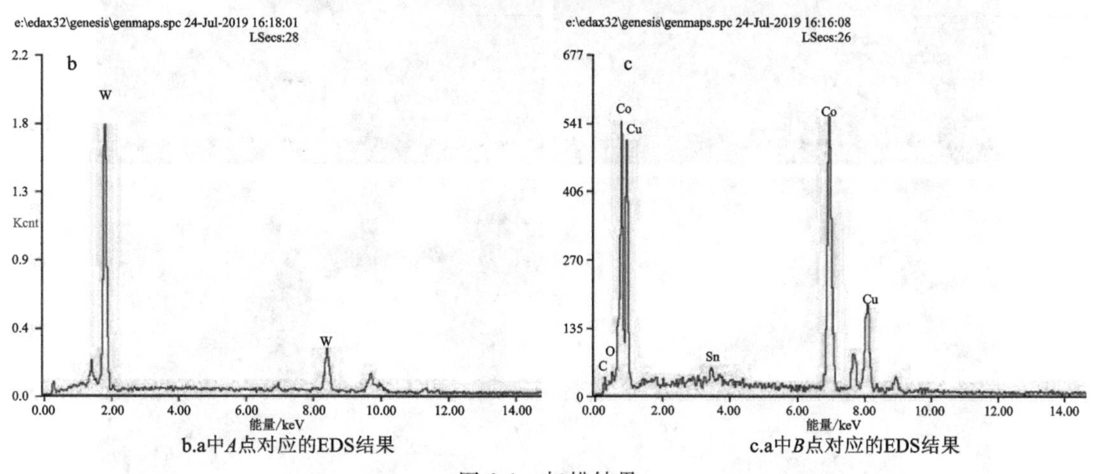

b.a中A点对应的EDS结果　　c.a中B点对应的EDS结果

图 2-1　扫描结果

蚀作用逐渐增强。此外，图 2-2 所示的所有胎体表面的黏结剂区域内均出现了纵向分布的凹槽，这可能与腐蚀磨损过程中磨粒的滑动而导致的磨粒磨损有关。

拉曼光谱被用于进一步分析胎体腐蚀磨损产物。图 2-3 为当模拟泥浆中 NaCl 含量为饱和时所得到胎体腐蚀磨损表面几个典型位置的拉曼图谱测量结果。在与图 2-3b 中十字叉中心区域所对应的拉曼谱线中可以观察到位于 218cm^{-1}、525cm^{-1}以及 623cm^{-1}附近的峰，分析认为，这 3 处峰对应的物质为 Cu_2O(Singhal et al.,2013;Deng et al.,2016;Li et al.,2018)。图 2-3c 中十字叉中心区域对应的拉曼谱线中位于 220cm^{-1}以及 530cm^{-1}附近的峰也表明了 Cu_2O 的存在。另外，同一条谱线中位于 610cm^{-1}处的钝峰可能与 CuO 的存在有关(Xu et al.,1999;Wang et al.,2003)。至于图 2-3d 中的十字叉中心区域，分析认为拉曼谱线中 114/513cm^{-1}和 467/673cm^{-1}处的两组峰分别对应着 $Cu_2Cl(OH)_3$ 和 CoO(Tang et al.,2008)。总体而言，胎体腐蚀磨损表面的钝化膜是氧化物和羟基氯化物的混合物，且氧化物薄膜的形成更为普遍。

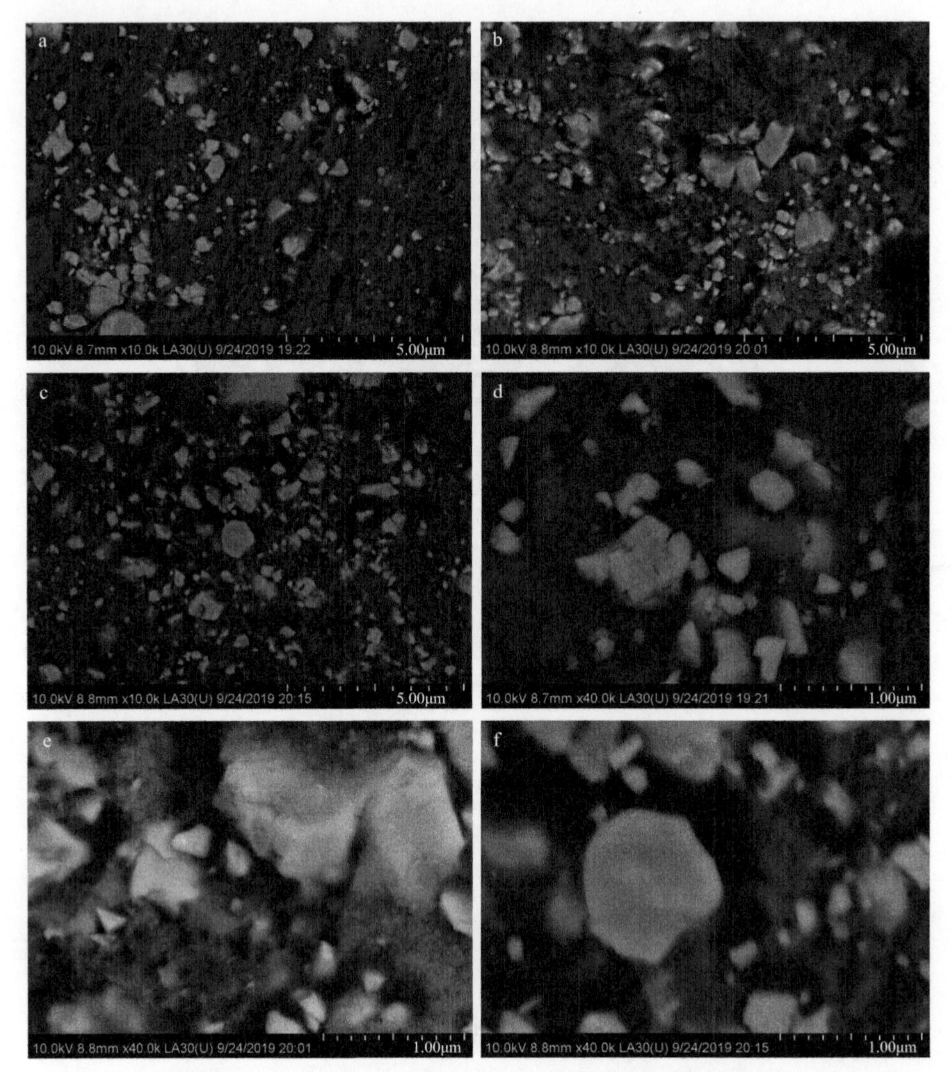

图 2-2　不同 NaCl 含量试验环境下胎体腐蚀磨损 SEM 图

a. 0；b. 10%；c. 饱和，d、e、f. 分别为 a、b、c 的局部放大图

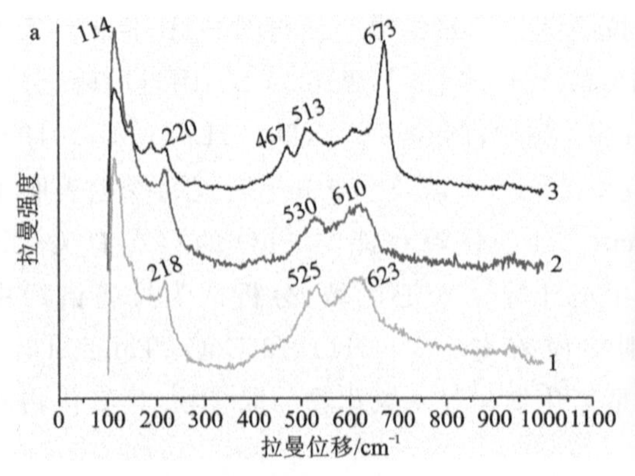

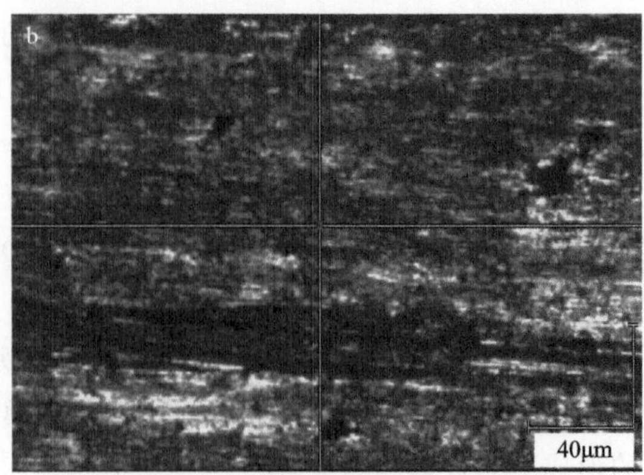

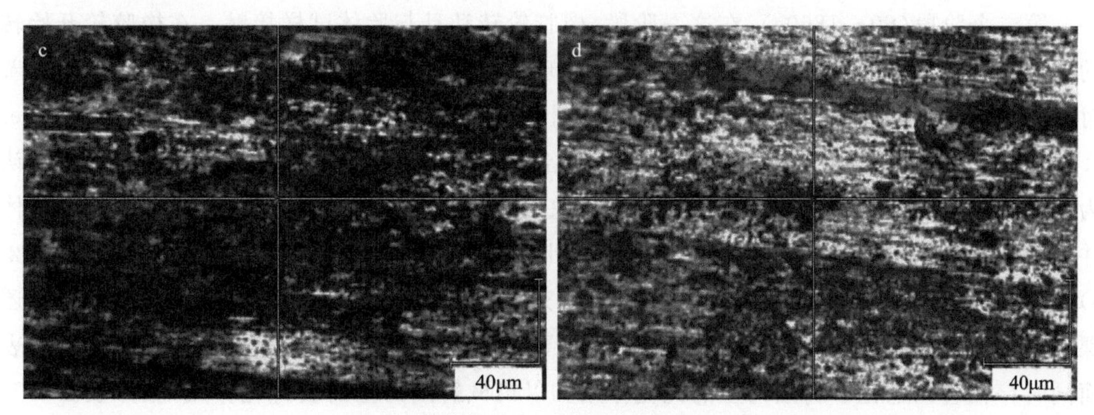

图a中曲线1、2、3分别对应图b、c、d。

图2-3 胎体磨损表面的拉曼光谱及谱线对应位置的光学图像

2.3 WC基胎体腐蚀磨损电化学特性

在腐蚀磨损试验中，不同NaCl含量条件下胎体表面原位开路电位变化曲线如图2-4所示。由图可知，每条曲线都可以被划分为3个区域，分别为0～60s段、60～1860s段以及1860～1920s段。整体而言，模拟泥浆中NaCl浓度越高，相同时间区域内所对应的开路电位越负。

第一阶段(0～60s)，在这一阶段，橡胶轮静止且不与胎体试样接触，胎体表面的开路电位逐渐变负。负向移动的开路电位表明胎体试样表面的电化学性质比较活泼，这是因为试验胎体试样经过了抛光的前处理，导致大量的Cu、Co等化学性质活泼的成分暴露在具有腐蚀性的液体介质中。由于相邻的WC和Cu、Co等黏结剂之间存在电位差，它们会在局部构成原电池，产生电荷转移。其中，黏结相作为阳极发生氧化反应并在胎体表面形成钝化膜，而硬质相WC颗粒在原电池中作为阴极起到传导电子的作用，并为氧气的还原提供载体。

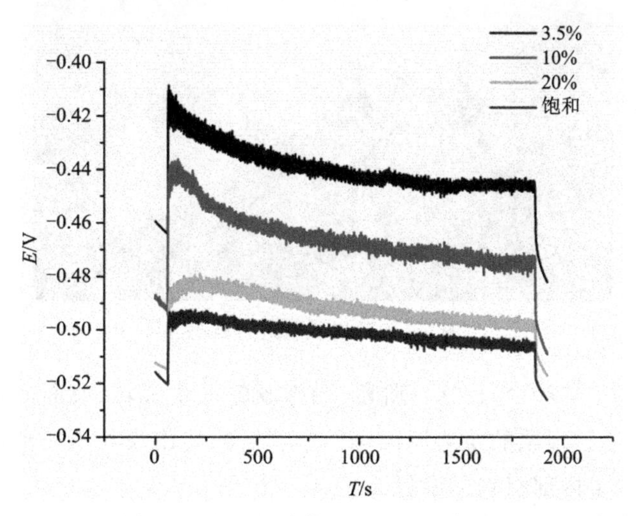

图2-4 不同NaCl含量下胎体原位开路电位随时间变化曲线

第二个阶段(60～1860s),在这一阶段,橡胶轮转动且与胎体试样接触。在橡胶轮开始转动并与试样相互摩擦的瞬间,开路电位立即出现一个急剧的正向移动,随后逐渐稳定并随着时间的推移呈现出缓慢负向移动的趋势。不同于过往的研究(Kok et al.,2005;Sinnett-Jones et al.,2005),在摩擦开始的瞬间,胎体表面开路电位的阶跃方向是正向而不是负向。分析认为磨损试验装置的差异正是形成这一特殊现象的主要原因。在试验开始的前 60s,试验胎体并未完全被液体浸没,当橡胶轮开始转动后,叶片搅起的液体介质会溶解大量的氧气(图 2-5),这些被溅起的液体可以在样品的整个表面充当连续的电解质膜。因此,在第一个阶段还裸露在空气中的胎体抛光面会迅速发生钝化,导致开路电位的正向移动。此后,由于胎体表面同时存在着以电化学腐蚀为主的钝化作用和以机械磨损为主的去钝化作用,胎体表面的开路电位会保持一个上下波动的状态。这一阶段开路电位整体负向移动的趋势表明机械磨损导致的去钝化作用更为显著。图 2-6 所示的原位动电位极化曲线也从另一方面证实了以上分析。与静止状态下的测量结果相比,在无外加载荷的情况下,腐蚀钝化作用使得胎体表面形成更大面积的氧化物钝化膜,自腐蚀电位会随着橡胶轮的旋转而正向移动;当施加载荷后,由于机械磨损的影响,自由腐蚀电位又会负向移动。即使在施加载荷后,自腐蚀电位也比静止状态下的电位更正,这是由于机械磨损对钝化膜的破坏程度有限,或者与未磨损区域相比,磨损轨迹的面积有限。

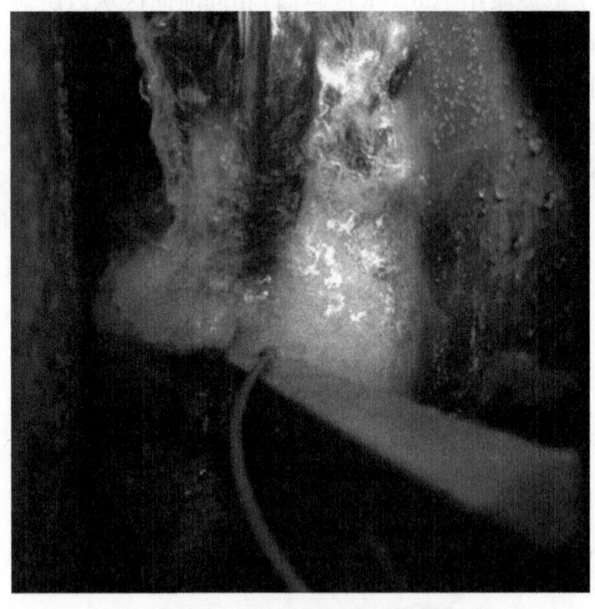

图 2-5　磨损试验进行状态

第三个阶段(1860～1920s),在这一阶段,当橡胶轮停止旋转,液面回归平静后,开路电位立即负向移动。造成这种现象的主要原因是胎体表面的钝化膜并不完整,为腐蚀介质的渗入提供了通道,从而导致了内部材料的腐蚀。

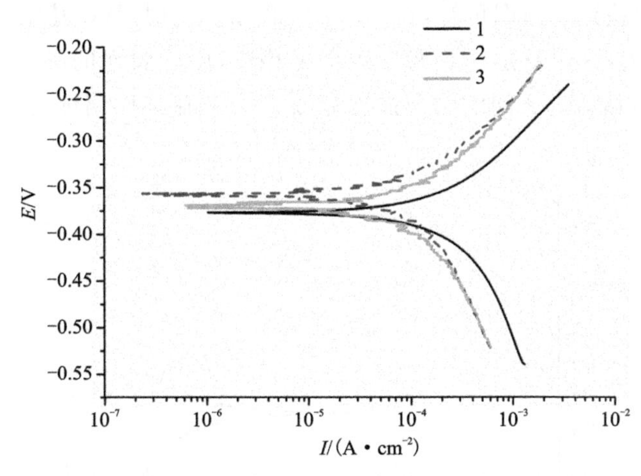

1. 浸没无外加载荷；2. 旋转且不施加载荷；3. 旋转且施加载荷。

图 2-6　不同磨损工况下胎体表面的极化曲线

2.4　黏结剂含量对胎体腐蚀磨损特性的影响

由以上分析不难发现：WC 颗粒在盐水介质中的化学性质较为稳定，磨损过程中胎体试样所展现的电化学特性主要取决于化学性质相对活泼的黏结剂组分，WC 颗粒在局部形成的原电池中仅起到传导电子的作用。

为进一步验证这一观点，笔者选取了 PDC 片在盐水环境中的部分腐蚀磨损数据（Peng et al., 2019；表 2-4）进行比较，并对比分析了相同含量的盐水介质中胎体试样与 PDC 的静态电化学特性曲线（图 2-7）。选择 PDC 作为参考对象是因为 PDC 的黏结相含量较低，仅为 10%左右，而笔者选用的胎体试样黏结相组分高达 70%。因此，对比分析两者在盐水环境中的腐蚀磨损质量流失相对于各自在清水环境中的磨损量的变化更具说服力。

表 2-4　NaCl 含量对 PDC 和 WC 基胎体腐蚀磨损质量损失的影响

	黏结剂含量/%	NaCl 含量		磨损质量变化/%
		0	10%	
PDC	10	0.552 6	0.625 8	13
胎体	70	1.58	2.2	39

由表 2-4 数据可以清楚地看出，当介质中的 NaCl 含量增加到 10%时，PDC 和胎体的磨损质量相对于清水环境中的试验数据分别变化了 13%和 39%。造成这一显著差异的原因不仅仅是 PDC 的致密性高、硬度高、耐磨性好，胎体的高黏结相含量也是导致这一巨大差异的原因之一。由于金刚石钻头胎体材料表面黏结相分布更广，表面化学性质更为活泼，因此磨损过程中胎体更容易受到腐蚀作用的影响，因腐蚀-磨损协同作用而损失的材料质量也随之增加。图 2-7 所示的塔菲尔曲线则更为直接地反映了相同盐水浓度下 PDC 和 WC 基胎体材

料表面电化学特性的差异。由图可知，在 NaCl 含量为 10%时，WC 基胎体材料表面的开路电位更负，腐蚀电流更大，这也就意味着腐蚀磨损过程中，胎体表面的黏结剂更容易被腐蚀，进而导致 WC 钨颗粒与黏结剂之间的结合强度降低，WC 基胎体的腐蚀磨损加剧。

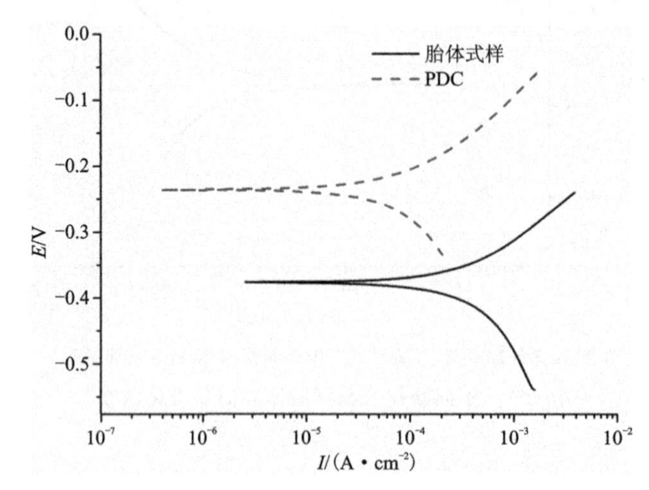

图 2-7 10%盐水浓度环境中胎体试样与 PDC 的表面极化曲线

2.5 盐度对 WC 基胎体腐蚀磨损形貌分形维数的影响

为了定量表征 WC 基胎体材料发生腐蚀磨损后的表面形貌，笔者采用了分形维数法。盒子计数法是众多计算分形维数方法中最为常见且简单方便的方法之一，其中心思想为计算覆盖表面三维形貌所需的盒子数。笔者综合差分盒子计数法（Sarkar and Chaudhuri，1994）与二维灰度图像的分形维数算法（张志等，2005），设计了一种基于三维点云数据求分形维数的算法。基于灰度图像的传统分形维数计算方法以图像灰度值作为高度计算的依据，而本算法直接采用激光共聚焦扫描显微镜获得的腐蚀磨损表面的高度值进行计算。

模拟泥浆中不同 NaCl 含量对 WC 基胎体磨损质量以及磨损表面分形维数的影响如表 2-5 所示。由表可知，随着模拟泥浆中 NaCl 含量的增加，胎体的磨损量以及分形维数值都呈现上升的趋势。当磨损介质为清水时，胎体磨损表面的分形维数为 2.444。随着磨损介质中 NaCl 的含量逐渐增加至饱和，胎体磨损表面的分形维数也由 3.5%NaCl 含量下的 2.459 增至饱和 NaCl 环境下的 2.515。

表 2-5 模拟泥浆中不同 NaCl 含量对磨损质量和磨损表面分形维数的影响

NaCl 含量	0	3.5%	10%	20%	饱和
分形维数	2.444	2.459	2.465	2.485	2.515
磨损质量/mg	1.58	1.7	2.2	2.6	3.1

分形维数可以量化表征形貌的复杂程度，分形维数数值越大，表面形貌也就越复杂、精细。由此可知，随着模拟泥浆中 NaCl 含量的增加，胎体磨损表面的形貌变得更加不规则，这

与磨损面的实际三维形貌图的变化趋势相吻合。如图 2-8 所示，随着模拟泥浆中 NaCl 含量增加，胎体磨损表面的形貌变得更加复杂，表面分布的微凸体变得更密，犁沟变得更深。这种形貌上的变化也从侧面证实了模拟泥浆中的 NaCl 对胎体磨损的加剧作用。

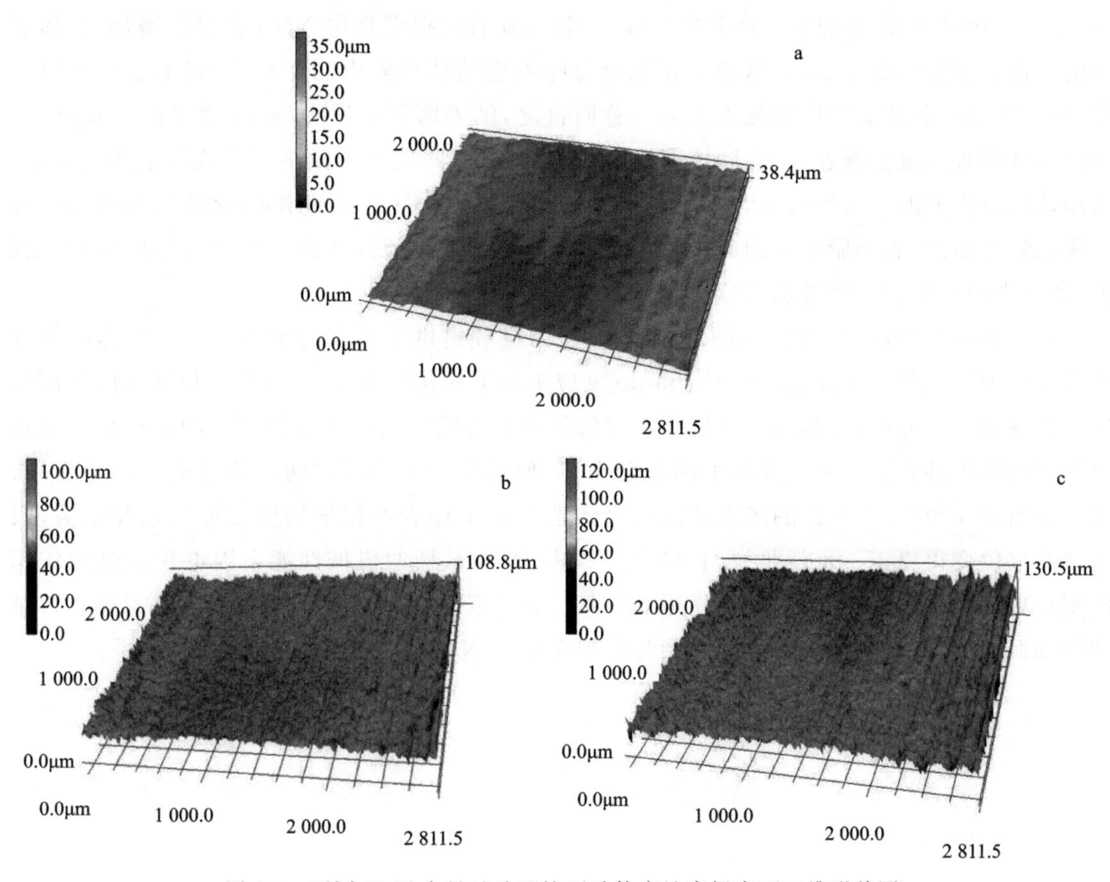

图 2-8　不同 NaCl 含量试验环境下胎体腐蚀磨损表面三维形貌图

a. 0；b. 10%；c. 饱和

胎体磨损表面的分形维数数值越大，表面形貌越不规则，微凸体分布越密，这就意味着磨损过程中胎体与磨粒的接触面积越大。由于模拟泥浆中 NaCl 的存在，这种增大的接触面积可以在一定程度上为磨损腐蚀的交互作用提供更大的作用区域，从而加剧胎体的磨损程度。胎体的质量损失进一步证实了 NaCl 对磨损的促进作用。具体而言，胎体在清水中的磨损质量为 1.58mg，当磨损介质中的 NaCl 含量增加至饱和时，胎体的质量损失量也增至峰值 3.1mg。

综合以上各节内容可以看出，磨损过程中硬质相 WC 与黏结剂的结合强度是决定胎体耐磨性强弱的主要因素，且胎体的腐蚀特性主要取决于黏结相的电化学特性。具体而言，机械磨损和电化学腐蚀共同作用导致胎体的磨损。一方面，电化学腐蚀作用对 WC 与黏结剂界面的侵蚀会削弱界面的结合强度，导致 WC 颗粒失去支撑，更容易在剪切力的作用下磨损脱落。骨架颗粒的脱落意味着软物相的黏结剂基体失去保护，进而导致胎体的局部耐磨性降低。这会促使胎体试样遭受更严重的破坏，在胎体表面留下大量的刮痕和凹坑。此外，附着在胎体磨损表面凹坑内的磨屑还会导致胎体表面局部微观环境的差异，促进微电偶的形成，加快电荷转移的速度，最终加剧磨损过程中的腐蚀作用。另一方面，磨粒的机械刮擦作用不仅会磨损胎体，还会破坏胎体表面形成的氧化物薄膜的连续性，为腐蚀性介质的扩散提供通道，使底层的新鲜基质暴露在腐蚀介质中，促进胎体试样的腐蚀。同时，磨损过程中吸附在胎体表面的 Cl^- 也会破坏钝化膜的均质性和完整性。因此，随着模拟泥浆中 NaCl 含量的增加，胎体表面的电化学活性也随之增加，这种变化也就意味着电荷转移阻力的降低，宏观上表现为腐蚀作用更加明显，胎体磨损质量流失更多。总而言之，随着磨损介质中 NaCl 含量的增加，胎体试样的磨损程度也会随着增加，胎体磨损表面上的犁沟、凹坑等细微结构的数目也随之增加。从胎体磨损表面的分形维数变化来看，随着模拟泥浆中 NaCl 含量的增加，胎体磨损表面的分形维数随之增加，表明胎体表面的形貌变得更加复杂和不规则，这也就意味着磨损过程中腐蚀-磨损协同作用的区域增加，宏观上表现为胎体的磨损加剧。

原位电化学特性曲线也为揭示胎体磨损腐蚀机理提供了更多的细节支撑。虽然溶解在液体介质中的氧气与胎体表面的 Cu 和 Co 反应生成了氧化物薄膜，但开路电位并未因此而持续正向移动。一方面，这是因为这层不连续的氧化物薄膜以及嵌入胎体表面的磨粒均会导致磨损表面出现钝化区与非钝化区的随机分布，促使胎体表面局部之间产生微电流耦合作用；另一方面，Cu 和 Co 对 Cl^- 的高亲和力也会致使胎体试样表面化学物质更加复杂和活泼，阻碍开路电位变得更正。也就是说，在磨损过程中，胎体试样的机械性能会因电化学腐蚀作用而变得更加脆弱，自身结构也更容易遭到破坏。由于阳极活性会随着液体介质中 NaCl 含量的增加而增强，胎体的磨损程度也就会与模拟泥浆中 NaCl 含量呈现出正相关的关系。

3　胎体成分对 WC 基胎体腐蚀磨损特性的影响

3.1　引　言

由于金属钴对 WC 颗粒具有优异的润湿性，WC-Co 基硬质合金坯料通过烧结可以获得更高的致密度，从而表现出更好的机械性能(Katiyar，2020)，该类硬质合金因而被广泛应用于地质钻探和油气资源的开采工作(Beste et al.，2001；Thakare et al.，2007)。但是，金属钴的抗氧化性和耐腐蚀性较差，导致 WC-Co 基硬质合金的应用范围因此受到限制。马丽丽(2010)发现含水条件下储存的 WC-Co 基硬质合金表面产生了致密的富钴氧化层，通过 SEM 和 EDS 等方法证实了水对 Co 有浸出作用。Boukantar 等(2021)使用火花放电等离子烧结方法制备了 WC-Co、WC-(Co＋Ni)和 WC-(Co＋Ni＋Cr)共 3 种超细晶粒硬质合金材料，并在强碱性环境下(pH 值为 13.65)比较了 3 种材料的腐蚀磨损性能，结果表明，WC-Co 基硬质合金与后两者相比耐腐蚀性更差，因为 Co 在碱性溶液中表现出一种伪钝化行为，而 Ni 和 Cr 的钝化对腐蚀起到实质性的抑制作用，并且与 Co 相比，Ni 和 Cr 具备更高的自腐蚀电位；WC-(Co＋Ni＋Cr)在 3 种材料中表现出了更优越的硬度，因此它在腐蚀磨损条件下的性能也远强于 WC-Co 基硬质合金。由此可见，虽然 WC-Co 基硬质合金具备优良的硬度和耐磨性，但黏结金属在强腐蚀性溶液中与 WC 硬质颗粒形成电偶发生腐蚀溶解，对材料本身性能产生较大影响，使用 Ni、Cr 合金部分代替 Co 可以极大改善材料的腐蚀磨损性能(García et al.，2019)。

Ni、Fe 等金属代替 Co 作为金属基复合材料黏结相的研究也得到了关注(Tracey，1992)。镍基黏结金属在强腐蚀性环境中表现出良好的耐腐蚀性，但是与钴基黏结金属相比，其耐磨性有所下降，因此多种方法被用于改善 Ni 在合金材料中的固熔强化和弥散强化，从而改善 WC-Ni 基硬质合金的强度(贾佐诚，1999；Li et al.，2020)。Jayaraj 和 Olsson(2021)对比了 WC-Co 基硬质合金和 WC-Ni 基硬质合金在人工合成矿井水中的耐磨性和耐腐蚀性，电化学极化曲线和电化学阻抗都证实了 WC-Ni 基硬质合金相比 WC-Co 基硬质合金具有更好的耐腐蚀性。摩擦层暴露在模拟矿井水中一段时间后，在 WC-Co 表面观察到摩擦层被完全溶解去除，WC-Ni浅表层的金属 Ni 也发生溶解，而未摩擦表面没有发生上述变化，说明摩擦促进了材料的腐蚀。液压系统在海水环境中工作时，使用海水作为液压介质更符合当下环境保护的要求，但与普通液压油相比，海水具有较强的腐蚀性。由于冲蚀和腐蚀的协同作用，WC-Ni 基硬质合金作为液压系统元件材料因性能不佳而提前失效，Ni 的含量对材料在海水环境下的耐腐蚀性和耐磨性有重要影响(Nie et al.,2019;Yin et al.,2021)。研究表明,当 Ni 的含量在 6%～12%之间变化时,Ni 含量过高会促进材料晶间腐蚀的倾向;当 Ni 的含量为 9%时,硬质合金同时具备相对良好的断裂韧性和适当的硬度,从而表现出更卓越的耐腐蚀性和耐磨性(Zhai et al.,2021)。Human 等(1998)比较研究了黏结相 Co 和 Ni 在 pH 值为 2.55 的 H_2SO_4-Na_2SO_4溶液中的极化行为,结果表明,WC-6%Ni 硬质合金的腐蚀电位大于 WC-6%Co 硬质合金的腐蚀电位,WC-6%Ni 硬质合金的钝化区间最小电流密度远小于 WC-6%Co 硬质合金,具有真正的钝化区间;WC-Ni 硬质合金的耐腐蚀性能比 WC-Co 硬质合金的耐腐蚀性能更好。林春芳等(2020)对比研究了 WC-Ni 硬质合金与 WC-Co 硬质合金的电化学腐蚀性能,试验表明,WC-Ni 硬质合金比 WC-Co 硬质合金更耐腐蚀,但 WC-Ni 硬质合金的硬度及抗弯强度都低于 WC-Co 硬质合金。因此,作为 Co 黏结金属的潜在替代金属,成本更低的 Ni 在强腐蚀性环境中表现出良好的耐腐蚀性,其耐磨性也可以通过多种方法达到与 WC-Co 基硬质合金的同等水平。

Cr、Al 等元素对硬质合金耐蚀性的影响也引起了人们的注意。姜媛媛等(2008)在 3.5% NaCl 模拟海水腐蚀介质中对比研究了 WC-6%Co 硬质合金与 WC-9%Ni-0.57%Cr 硬质合金的耐腐蚀性能,结果表明,WC-9%Ni-0.57%Cr 硬质合金的耐腐蚀性能比 WC-6%Co 硬质合金的耐腐蚀性能好,且有更好的力学性能稳定性。林春芳等(2010)通过对 WC-(7～9)%Ni-(1～2)%Cr 硬质合金耐蚀性能的研究发现,WC-Co 硬质合金在 H_2SO_4、HNO_3中腐蚀电流密度大于 WC-Ni-Cr 硬质合金。腐蚀电流密度随 Co 含量的增加而增大,随 Cr 含量的增加而降低。随着 Co 含量提高,黏结相面积分数增加,而电位在 800mV 以前,电流密度主要取决于黏结相的氧化,故 WC-Co 类硬质合金的腐蚀电流密度均随 Co 含量的增加而提高,抗腐蚀性能随之降低。Wentzel 和 Allen(1997)通过极化曲线进一步研究了黏结剂中 Ni 含量对 WC-Co 基硬质合金的耐蚀性。随着 Ni 含量的增加,腐蚀电位逐渐正移,腐蚀电流逐渐减小,硬质合金的耐腐蚀性能显著提高。王兴庆等(2006)同样通过极化曲线研究了 Al 含量对 WC-Co 硬质合金耐腐蚀性能的影响,结果表明,WC-Co 硬质合金中加入 Al 之后黏结相的结构与性能发生根本性的改变,主要原因是 Al 与 Co 形成了金属间化合物,在一定范围内提高了 Al 的含量,WC-Co 硬质合金的耐腐蚀性能会得到相应的提高,当 Al 含量为 8%时,WC-Co 硬质合金的耐腐蚀性能达到最佳。胡道平等(2006)对不同 Cr 含量的 WC-10%(Co-Ni)合金进行了在硝酸、硫酸以及混合溶液中的浸泡腐蚀试验和在硝酸溶液中的冲刷腐蚀试验。试验发现,随着 Cr 添加量的增加,合金在 3 种溶液中的静态腐蚀速率都呈下降的趋势,冲刷条件下的腐蚀速率也是如此。分析发现,含有 Cr 的合金在腐蚀介质中可以形成更加致密的钝化膜,且与基体金属的结合力也更强。

当 WC 基硬质合金在腐蚀环境中工作时,它受到的腐蚀作用基本都是电化学腐蚀。主要原因是在 WC 基硬质合金中含有各种金属相,各金属相的还原电位不同导致各金属相之间易形成电位差,产生电化学腐蚀。由于黏结相的主要成分铁族元素(Fe/Co/Ni)还原电位相对硬质相(WC)偏低,金属黏结剂受到的腐蚀作用影响更大,硬质相(WC)受到的影响相对较小。然而当黏结相发生腐蚀分解后,硬质合金的整体结构就会变得疏松,更容易遭到外力的破坏,从而导致硬质合金的有效使用时间大大减少。因此,黏结相的物理化学特性对 WC 基硬质合金的腐蚀磨损性能至关重要,也是相关研究需要关注的重点。

从以上研究可以看出，不同黏结相成分及其含量对硬质合金的耐腐蚀性能和机械性能都会产生较大的影响，而在腐蚀磨损过程中，机械磨损和腐蚀同时存在且二者具有协同作用，因此研究分析黏结相的成分及其含量对孕镶金刚石钻头胎体腐蚀磨损性能的影响十分重要。本章主要研究 NaCl 含量为 20%的碱性溶液中 Fe、WC、663Cu 共 3 种组分的含量对胎体腐蚀磨损性能的影响。与此同时，本章还结合胎体腐蚀磨损产物以及腐蚀磨损形貌对 WC 基热压孕镶金刚石钻头胎体在含砂盐水介质中的腐蚀磨损机理进行探讨。胎体成分及其含量的选择主要依据如下。

钻头的胎体性能主要取决于胎体配方，胎体成分主要包括骨架成分和黏结剂两类(张义东，2010)。骨架成分作为胎体中的硬质成分，主要为难熔碳化物，要具有以下几点特性：首先硬度较高，起到骨架作用，保证金刚石颗粒不会在高速磨损中发生位移；较好的冲击韧性，能很好地应对复杂多变的载荷；导热性好，线性膨胀系数应该尽量接近于金刚石颗粒；可以满足胎体的各种形状要求的良好成形性。在常用的几种骨架材料中，WC 由于导热性好，线性膨胀系数接近于金刚石颗粒，且硬度和冲击韧性都比较好，易成形，被广泛应用于地质勘探、工程勘察、石油开采等各类勘探工作中。因此，笔者在本章选用 WC 作为胎体的骨架材料。

黏结剂的作用是将骨架成分和金刚石黏结在一起，同时符合以下几点要求：能很好地润湿骨架材料和金刚石颗粒，并且均匀地散布在骨架材料表面；骨架材料和黏结剂两相界面的结合要牢固；具有优良的机械性能，保证黏结金属能承受骨架材料传给的应力；熔点相对较低，以便降低烧结温度，降低制作成本。因此，笔者在本章选用使用范围较广的 Fe、Co、Ni、Mn、Ti、663Cu 作为黏结剂。

为了研究 Fe、663Cu、WC 三者的含量对热压烧结 WC 基胎体腐蚀磨损性能的影响，根据调研选定表 3-1 所示的常用基础配方，将 Fe、663Cu、WC 三者作为单独变量得到不同的胎体配方。选用基础配方主要是为后续开发用于腐蚀环境的孕镶金刚石钻头胎体配方的优化设计提供必要的试验数据及理论支持。为了保证三者含量准确改变以及排除其他主要组分含量变化带来的干扰，将除变量之外的其他组分作为一个整体，在这个整体内各组分的含量保持不变，得到如表 3-2 所示的 12 个胎体配方。这些试样的烧结试验参数如下：烧结温度 950℃，烧结压力 15MPa，保温保压时间 4.5min。选用的烧结设备为 SM-100A 电阻式自动智能烧结机。

表 3-1　胎体基础配方成分

组分	Fe	Co	Ni	Mn	Ti	663Cu	WC
含量/%	17.50	8.00	5.00	4.00	3.00	37.50	25.00

表 3-2　胎体试样配方成分　　单位：%

组分	Fe	Co	Ni	Mn	Ti	663Cu	WC
配方 1	5.00	9.21	5.76	4.61	3.45	43.18	28.79
配方 2	10.00	8.73	5.45	4.36	3.27	40.91	27.27

续表 3-2

组分	Fe	Co	Ni	Mn	Ti	663Cu	WC
配方 3	15.00	8.24	5.15	4.12	3.09	38.64	25.76
配方 4	20.00	7.76	4.85	3.88	2.91	36.36	24.24
配方 5	19.83	9.07	5.67	4.53	3.40	42.50	15.00
配方 6	18.67	8.53	5.33	4.27	3.20	40.00	20.00
配方 7	17.50	8.00	5.00	4.00	3.00	37.50	25.00
配方 8	16.33	7.47	4.67	3.73	2.80	35.00	30.00
配方 9	21.00	9.60	6.00	4.80	3.60	25.00	30.00
配方 10	19.60	8.96	5.60	4.48	3.36	30.00	28.00
配方 11	18.20	8.32	5.20	4.16	3.12	35.00	26.00
配方 12	16.80	7.68	4.80	3.84	2.88	40.00	24.00

为模拟现场岩粉条件，本试验中使用的磨料为 40 目和 80 目石英砂，按质量比 1∶1混合使用，腐蚀介质为碱性盐水溶液。具体试验参数如表 3-3 所示。

表 3-3 腐蚀磨损试验参数

参数	数值
载荷/N	10
石英砂含量	20%
盐水浓度	20%
pH 值	10
转速/($r \cdot min^{-1}$)	240
测试时间/min	20

3.2 WC 基胎体腐蚀磨损特性

3.2.1 静态腐蚀特性

图 3-1 显示了不同配方胎体试样为期一周的静态腐蚀试验结果。可以看出：随着 663Cu 含量的增长，试样的腐蚀量呈下降趋势，主要原因是铜易在含氧环境下生成致密氧化膜，Cu 含量的增加使得氧化膜更加致密，进而提高了胎体的耐蚀性（赵春梅等，2000）。而 Fe 含量的增加会增加试样腐蚀量，因为铁氧化生成的氧化膜结构相对疏松，不能阻止 Cl^- 穿过氧化膜对胎体内部的进一步腐蚀。WC 含量的增加同样促进了腐蚀。分析认为，碱性条件下 WC 会溶解析出（Sutthiruangwong et al.，2005），其钨碳离子键断裂之后，钨原子与氧原子结合会生成三氧化钨，三氧化钨中的钨具有较高的离子电位，在碱性溶液中较易形成络阴离子 WO_4^{2-}，

因此 WC 含量增加会降低胎体耐蚀性(金鹏等,2018)。

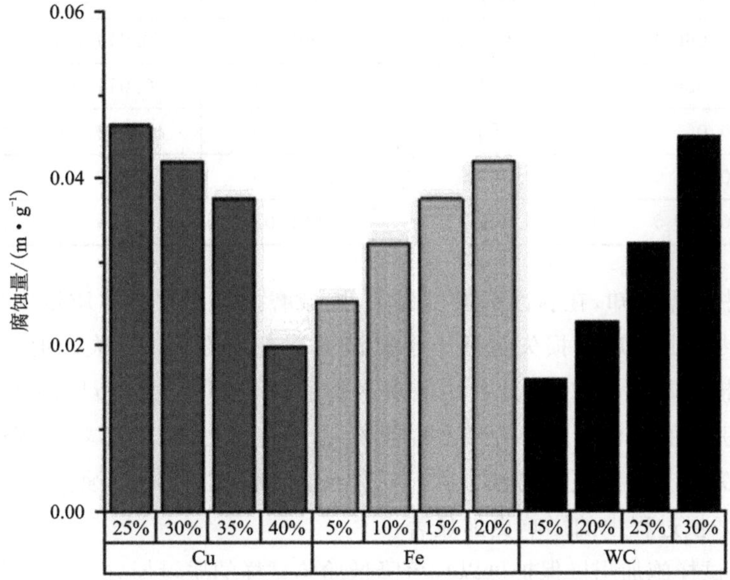

图 3-1 静态腐蚀质量损失

3.2.2 腐蚀磨损特性

在盐水泥浆等具有强腐蚀性的介质中工作时,热压孕镶金刚石钻头除了受到来自地层和岩屑的机械破坏之外,还会发生电化学腐蚀行为。热压孕镶金刚石钻头在盐水泥浆等腐蚀性介质中工作时的质量流失已经不能仅归因于机械破坏,而是腐蚀磨损的综合作用结果。热压孕镶金刚石钻头胎体材料在盐水泥浆中的质量流失原因可分为机械磨损、腐蚀和腐蚀-磨损协同作用。

通过试验,得到腐蚀磨损过程中总的质量损失(T)、纯机械磨损质量损失(A)、纯腐蚀质量损失(C)三者具体量,以及进而计算出的腐蚀磨损协同作用造成的质量损失 S,结果如表 3-4所示。

表 3-4 腐蚀磨损试验质量损失结果

配方号	T/g	A/g	C/g	S/g	S 占比/%
1	0.076 2	0.069 7	5.00E-05	0.006 450	8
2	0.065 1	0.057 8	6.40E-05	0.007 236	11
3	0.050 0	0.043 5	7.40E-05	0.006 426	13
4	0.053 7	0.037 0	8.40E-05	0.016 616	31
5	0.065 9	0.063 5	3.20E-05	0.002 368	4
6	0.068 4	0.057 7	4.50E-05	0.010 655	16
7	0.054 0	0.048 7	6.40E-05	0.005 236	10

续表 3-4

配方号	T/g	A/g	C/g	S/g	S 占比/%
8	0.060 6	0.046 1	8.90E-05	0.014 411	24
9	0.056 1	0.044 7	9.20E-05	0.011 308	20
10	0.060 2	0.050 3	8.40E-05	0.009 816	16
11	0.071 0	0.061 5	7.40E-05	0.009 426	13
12	0.079 5	0.070 3	3.90E-05	0.009 161	12

根据表 3-4 中数据可知，在腐蚀磨损过程中，机械磨损是导致胎体质量损失的主要原因，纯腐蚀在短时间内引起的质量损失远远小于机械磨损造成的质量损失。但腐蚀引起的协同作用导致的质量损失却不容忽视，其占比最高达到了 30%以上。分析原因认为，WC 和黏结剂构成的微电偶引起的电化学腐蚀导致黏结剂被优先去除，并在 WC 颗粒周围形成孔洞，进而使得 WC 颗粒失去支撑后更容易被去除。总体来说，随着试样耐腐蚀性的减弱，腐蚀-磨损协同作用在腐蚀磨损过程中的影响更加显著。

此外，对胎体试样施加阴极保护可以显著降低胎体试样的质量损失。当对胎体施以－1.0V 的阴极保护时，各胎体试样的质量损失均明显下降，这说明阴极保护有效抑制了腐蚀磨损过程中电化学腐蚀的相关作用。

3.2.3 腐蚀磨损形貌及产物分析

为进一步了解胎体耐腐蚀性对胎体试样腐蚀磨损过程的影响，观察了不同 WC 含量的试样腐蚀磨损后的磨损形貌并进行了元素分析。图 3-2 为 5 号配方试样腐蚀磨损表面的 SEM 图和不同区域的 EDS 图，由图可以看出，浅色颗粒状区域所含主要元素为 W，说明颗粒状物质为 WC 颗粒；WC 颗粒周围的深色区域主要元素为 Fe、Cu、Ni、Co 等，说明深色区域为黏结相成分。

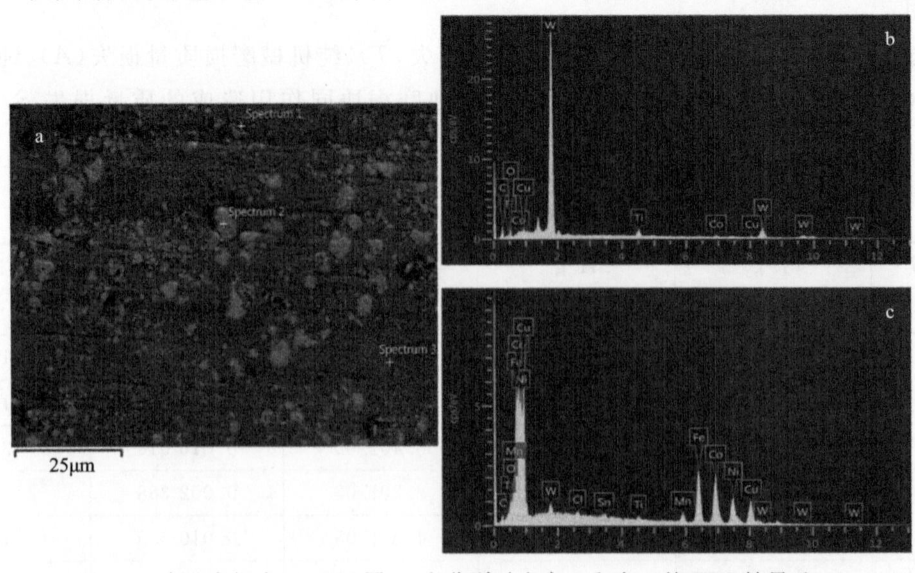

图 3-2 腐蚀磨损表面 SEM 图(a)和分别对应点 2 和点 3 的 EDS 结果(b、c)

图 3-3 为不同 WC 含量的胎体试样磨损表面 SEM 图像，由图可以看出，胎体磨损表面均分布有沿磨损方向的凹槽，这主要与磨损过程中石英砂颗粒滑动导致的塑性破坏有关。随着 WC 含量的增加，胎体试样耐腐蚀性能减弱，WC 颗粒周围的沟壑逐渐加深加宽，同时出现 WC 颗粒脱落后留下的孔洞。这表明在腐蚀磨损过程中，胎体耐腐蚀性的减弱加剧了 WC 颗粒的脱落速度，进而使得材料流失速度加快，也进一步证明了在腐蚀磨损过程中，黏结剂被优先去除后使得 WC 颗粒更易脱落。

图 3-3　不同 WC 含量胎体试样腐蚀磨损 SEM 图

a. 15%、b. 20%、c. 25%、d. 30%

为了确定试样的腐蚀磨损产物，采用拉曼光谱对试样表面进行了成分分析。图 3-4 为 8 号配方试样腐蚀磨损表面多个典型位置拉曼图谱的测量结果，由图可以看出，这些位置均在拉曼光谱中存在 $225cm^{-1}$ 和 $525cm^{-1}$ 附近的峰。分析认为，这两处峰对应物质为 Cu_2O（Singhal et al.，2013；Deng et al.，2016；Li et al.，2018）；另外，$114cm^{-1}$ 附近的峰在 3 条谱线中也都出现过，主要对应 $Cu_2Cl(OH)_3$（Peng et al.，2020）。图 3-4 中 a 点对应的区域出现的 $611cm^{-1}$ 峰对应 CuO（Xu et al.，1999）；c 点对应的深色区域出现的 $188cm^{-1}$ 和 $678cm^{-1}$ 峰分别对应 Fe_2O_3（姚远基等，2020）和 Fe_3O_4（Zhang et al.，2011；Gartner et al.，2016）。整体来

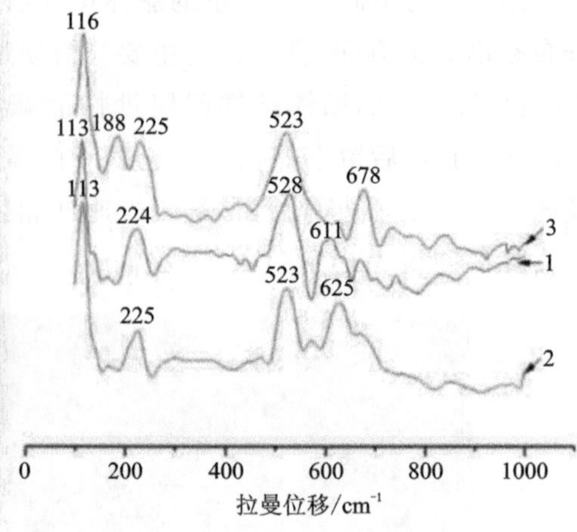

谱线1、2、3分别与a、b、c位置对应。

图3-4　试样表面及其对应位置的拉曼光谱

看，试样表面在腐蚀磨损过程中确实普遍存在钝化现象，主要产物为铁铜氧化物和羟基氯化物。

腐蚀磨损产物的鉴定结果，很好地支持了前述有关胎体耐蚀性随663Cu、Fe、WC含量变化原因的推断。胎体材料中Cu含量或Fe含量的变化对胎体耐蚀性的影响，与胎体发生腐蚀后形成的腐蚀产物性质密切相关。

3.3　WC基胎体腐蚀磨损电化学特性

在腐蚀磨损试验中，图3-5显示了不同试样表面电化学噪声电流随时间的变化曲线，很明显整个过程均可以分为3个阶段。这与Mischler等(1998)在钝化金属的往复滑动磨损过程中观察到的电流噪声行为相类似。

第一阶段(0～300s)，橡胶轮处于静止状态，由于胎体表面黏结剂富集区在盐水介质中生成了稳定的氧化物薄膜，因此电流维持在相对稳定的状态。第二阶段(300～900s)，橡胶轮开始转动并带动石英砂磨损胎体试样，在发生磨粒磨损的瞬间，噪声电流立即出现一个急剧的正向移动。分析认为在发生磨损的瞬间，试样表面的原本完整的氧化膜在机械力作用下被破坏而去除，这导致大量富含黏结剂的新鲜表面暴露，导致噪声电流急剧正向移动。急剧变化的电流迅速达到一个峰值后保持相对稳定，这是由于磨损暴露的新鲜表面富黏结剂区域的钝化和氧化膜的破坏速度达到了平衡(Thakare et al.,2009)。因此尽管磨损面积不断增加，但在磨损试验的整个过程中电流水平基本不变。磨损过程中电流的小范围波动也恰恰说明了试样表面处于新鲜表面不断暴露和钝化的动态过程。第三阶段(900～1200s)，橡胶轮停止转动，噪声电流急剧负向移动，并恢复到与磨损前相当的水平，这表明磨损暴露的新鲜表面确实存在重新钝化的过程，且这种钝化发生得十分迅速。

从图3-5a中可以看出，随着WC含量的增加，腐蚀磨损发生过程中的噪声电流逐渐正向

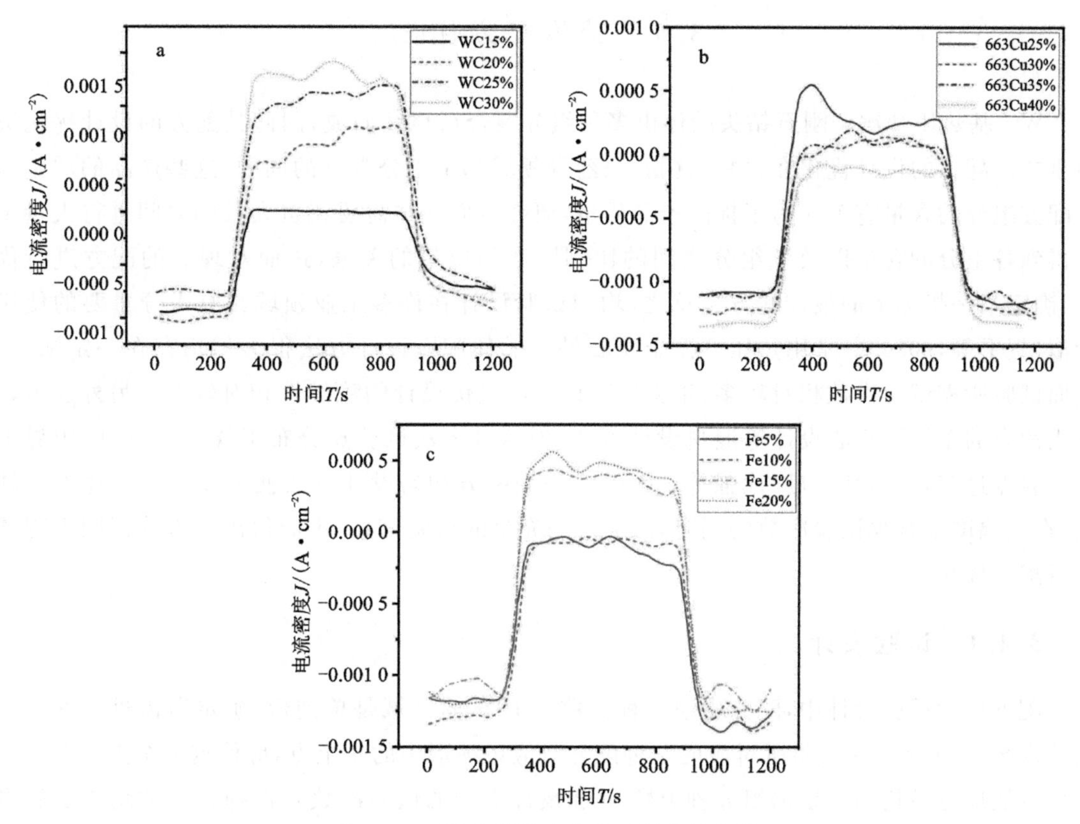

图 3-5　不同试样噪声电流时间变化曲线

移动，表明腐蚀发生得更加剧烈，这与静态腐蚀试验的结果相吻合。分析认为，试样由于磨损暴露的新鲜表面存在 Co、Fe 等大量化学性质十分活泼的成分，这些成分与邻近的 WC 之间存在电位差，在盐水介质下，形成了 WC 作阴极，活性黏结剂成分作阳极的微电偶尔发生电化学腐蚀。随着 WC 含量的升高，阴极材料 WC 暴露的面积逐渐加大，导致阴阳极面积比例升高，进而导致了腐蚀速率加快（Rajiv et al.，1995；赵华莱，2007），表现为噪声电流的正向移动。

而从图 3-5b 来看，随着 Cu 含量的升高，腐蚀磨损过程中的噪声电流负向移动，这主要是由于 Cu 在含氧环境中极易氧化生成氧化物薄膜，磨损过程中空气泵带动新鲜空气源源不断地进入腐蚀介质中更加剧了 Cu 的氧化，因此 Cu 含量的增加使得新鲜表面钝化能力不断加强，耐腐蚀性也更好，噪声电流呈现负向移动趋势，这同样与静态腐蚀结果保持一致。

图 3-5c 表明随着 Fe 含量的升高，腐蚀磨损过程中的电流呈正向移动趋势，这同样是腐蚀磨损表面形成的微电偶作用导致的。Fe 的自腐蚀电位较低作阳极。Fe 含量的升高导致了阳极腐蚀更加剧烈，噪声电流正向移动。

原位电化学特性曲线也为揭示胎体磨损腐蚀机理提供了更多的细节支撑。在胎体试样发生腐蚀磨损时，其表面噪声电流维持在一个相对稳定的水平，并没有发生持续的正向或负向移动。其主要原因就在于磨痕内黏结相的钝化与去钝化同时存在并达到一个相对平衡的状态。

3.4 胎体配方优化

WC基热压孕镶金刚石钻头胎体由多种组分混合后烧结而成，因此其配方的设计优化极为重要。配方的设计优化在材料、食物、医药等领域都是十分常见的问题，这些产品的质量与其配方组分的含量有关。为了提高产品质量，研究者们往往需要花费大量的时间进行大量试验得到各组分的含量以及各组分之间的比例同产品质量的关系，进而对现有的配方进行优化，确定某一指标下的最佳配方。总之，均匀试验设计在许多工业领域具有十分重要的使用价值(贺平等，2020)。常用热压孕镶金刚石钻头胎体配方设计方法很多但均存在一定缺点。全面试验所需试验次数相对较多；正交试验设计和最优设计的稳健性相对较差。另外还可以采用约束的单纯形重心设计等混料设计方法，但这种方法试验点分布不够均匀，试验边界上的试验点过多，典型性不足(徐强等，2016)。采用配方均匀设计方法就可以克服上述方法缺点，在大幅度地减少试验次数的同时，能够得到充足的试验信息，进而得出有效的回归方程并进行配方优化。

3.4.1 试验设计

配方均匀试验设计中，配方中组分种类数 m 的试验区域是单纯形，确定所需进行的合理试验次数 n，那么 n 次试验所对应的 n 种配方对应单纯形中的 n 个点，应使这 n 个点在单纯形中尽可能地分散均匀。根据组分种类数 m 和设计进行的试验次数 n 选择合适的均匀试验设计表 $U_n(n^{m-1})$ 或 $U_n^※(n^{m-1})$。要使得最后所选取的点尽可能实现均匀分散，就要对所选取的均匀设计表进行变换(宁建辉，2008)。

令 q_{ki} 表示均匀试验设计表 $U_n(n^{m-1})$ 或 $U_n^※(n^{m-1})$ 中的元素，其中 k 表示行数，i 表示列数，将 $\{q_{ki}\}$ 按照式(3-1)变换得到 $\{C_{ki}\}$。

$$C_{ki}=\frac{2q_{ki}-1}{2n},k=1,2,\cdots,n \tag{3-1}$$

再将得到的 $\{C_{ki}\}$ 按照式(3-2)变换得到 $\{x_{ki}\}$。

$$\begin{aligned} x_{ki}&=\left(1-C_{ki}^{\frac{1}{m-i}}\right)\prod_{j=1}^{i-1}C_{kj}^{\frac{1}{m-i}},i=1,2,\cdots,m-1 \\ x_{km}&=\prod_{j=1}^{m-1}C_{kj}^{\frac{1}{m-j}},k=1,2,\cdots,n \end{aligned} \tag{3-2}$$

上述计算公式可以简化为式(3-3)：

$$\begin{aligned} X_{k1}&=1-\sqrt{C_{k1}} \\ X_{k2}&=\sqrt{C_{k1}}(1-C_{k2}) \\ X_{k3}&=\sqrt{C_{k1}}\,C_{k2} \end{aligned} \tag{3-3}$$

至此，经过两次变换得到的 $\{x_{ki}\}$ 就给出了对应组分数 m 和试验次数 n 的配方均匀试验设计，可以记作 $UM_n(n^m)$ 或 $UM_n^※(n^m)$。

3.4.2　试验方案

由于 WC 基热压孕镶金刚石钻头胎体配方中的组分都有其合理的含量范围，且有些成分含量很多，有些则很少。因此本次试验设计采用有约束的配方均匀设计。而且 WC 基热压孕镶金刚石钻头胎体配方中的组分种类较多，因此本次试验选择 Cr、Fe、663Cu 共 3 种组分作为试验对象，其含量变化范围如表 3-5 所示。

表 3-5　胎体试样配方表

组分	Cr	Fe	663Cu	Co	Mn	WC
含量/%	0～5	15～25	25～40	12.00	3.00	30.00

因为 Cr 含量较少，所以将 Cr 和其他固定量作为一个整体量作变量，令 X_1 为 663Cu 的含量；X_2 为 Cr 和其他组分的总含量；X_3 为 Fe 的含量，得到 3 个变量的取值范围如式(3-4)：

$$\begin{aligned} 0.25 \leqslant X_1 \leqslant 0.40 \\ 0.45 \leqslant X_2 \leqslant 0.50 \\ 0.15 \leqslant X_3 \leqslant 0.25 \\ X_1 + X_2 + X_3 = 1 \end{aligned} \tag{3-4}$$

令 $\{(C_{k1}, C_{k2}), k=1,2,\cdots,n\}$ 为 C^2 上的一组分散均匀的点集，由变换上述公式即可获得位于单纯形上的一组点，所以 $\{(C_{k1}, C_{k2})\}$ 应当满足 3 个变量约束，即

$$\begin{aligned} 0.25 \leqslant 1 - \sqrt{C_{k1}} \leqslant 0.40 \\ 0.45 \leqslant \sqrt{C_{k1}}(1 - C_{k2}) \leqslant 0.50 \\ 0.15 \leqslant \sqrt{C_{k1}}C_{k2} \leqslant 0.25 \end{aligned} \tag{3-5}$$

进一步可以转换为如下约束：

$$\begin{aligned} 0.36 \leqslant C_{k1} \leqslant 0.5625 \\ 1 - \frac{0.50}{\sqrt{C_{k1}}} \leqslant (1 - C_{k2}) \leqslant 1 - \frac{0.45}{\sqrt{C_{k1}}} \\ \frac{0.15}{\sqrt{C_{k1}}} \leqslant C_{k2} \leqslant \frac{0.25}{\sqrt{C_{k1}}} \end{aligned} \tag{3-6}$$

不难求出，由上述公式所决定的闭合区域 B 落在矩形区域 A＝[0.36,0.562 5]×[0.230 77,0.357 14]中(图 3-6)。于是，可以在矩形区域 A 中给出一个均匀设计，其中落在区域 B 内部的点即可视作区域 B 上的均匀设计。最后再利用式(4-3)就可以得到满足需求的均匀试验设计方案。

为了保证最后符合需求的试验次数尽可能多，令 $n=28$，查阅相关规范应用到 $UM_{28}^{※}(28^8)$ 的第一列和第四列。由它们生成的均匀设计通过式(4-1)变换到单位正方体中，记变换后的点为 $\{(C_{k1}, C_{k2}), k = 1,2,\cdots,28\}$，其次将这些点通过式(3-7)进行线性变换，最终变换到矩形区域 A 中。

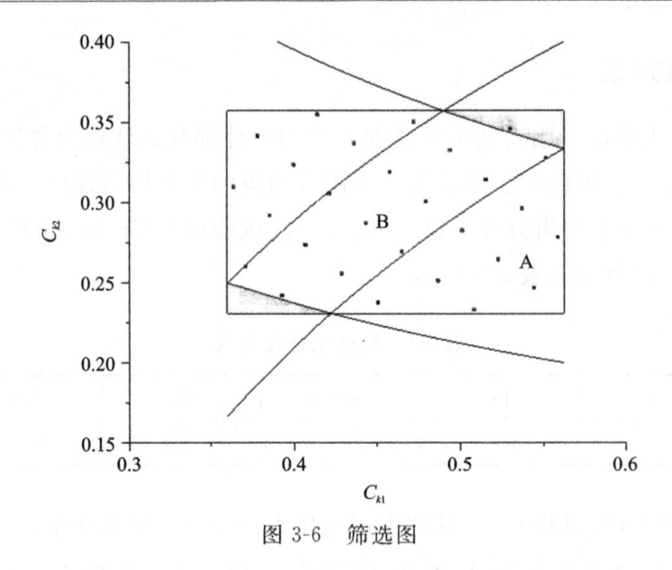

图 3-6　筛选图

$$
\begin{aligned}
C_{k1}^{*} &= 0.36 + (0.5625 - 0.36)C_{k1} \\
C_{k2}^{*} &= 0.23077 + (0.35714 - 0.23077)C_{k2}
\end{aligned}
\tag{3-7}
$$

经过如上线性变换后，得到表 3-6 所示的配方设计。表中加※的试验点编号表示落在区域 B 中的试验点，可以看到编号为 2，5，7，9，10，12，14，15，17，19，22，27 的点落在了区域 B 中，由这 12 个点通过公式变换之后得到表 3-7 所示的在约束范围内均匀散布的 12 种组合。

表 3-6　有约束的配方设计

No.	第一列	第四列	C1	C2	$C_1^※$	$C_2^※$
1	1	18	0.017 857	0.625 000	0.363 616	0.309 751
2※	2	7	0.053 571	0.232 143	0.370 848	0.260 106
3	3	25	0.089 286	0.875 000	0.378 080	0.341 344
4	4	14	0.125 000	0.482 143	0.385 313	0.291 698
5※	5	3	0.160 714	0.089 286	0.392 545	0.242 053
6	6	21	0.196 429	0.732 143	0.399 777	0.323 291
7※	7	10	0.232 143	0.339 286	0.407 009	0.273 646
8	8	28	0.267 857	0.982 143	0.414 241	0.354 883
9※	9	17	0.303 571	0.589 286	0.421 473	0.305 238
10※	10	6	0.339 286	0.196 429	0.428 705	0.255 593
11	11	24	0.375 000	0.839 286	0.435 938	0.336 831
12※	12	13	0.410 714	0.446 429	0.443 170	0.287 185
13	13	2	0.446 429	0.053 571	0.450 402	0.237 540
14※	14	20	0.482 143	0.696 429	0.457 634	0.318 778
15※	15	9	0.517 857	0.303 571	0.464 866	0.269 132
16	16	27	0.553 571	0.946 429	0.472 098	0.350 370
17※	17	16	0.589 286	0.553 571	0.479 330	0.300 725

续表 3-6

No.	第一列	第四列	C1	C2	$C_1^{※}$	$C_2^{※}$
18	18	5	0.625 000	0.160 714	0.486 563	0.251 079
19※	19	23	0.660 714	0.803 571	0.493 795	0.332 317
20	20	12	0.696 429	0.410 714	0.501 027	0.282 672
21	21	1	0.732 143	0.017 857	0.508 259	0.233 027
22※	22	19	0.767 857	0.660 714	0.515 491	0.314 264
23	23	8	0.803 571	0.267 857	0.522 723	0.264 619
24	24	26	0.839 286	0.910 714	0.529 955	0.345 857
25	25	15	0.875 000	0.517 857	0.537 188	0.296 212
26	26	4	0.910 714	0.125 000	0.544 420	0.246 566
27※	27	22	0.946 429	0.767 857	0.551 652	0.327 804
28	28	11	0.982 143	0.375 000	0.558 884	0.278 159

表 3-7　试验方案

No.	X_1	X_2	X_3
1	0.391 0	0.451 0	0.158 0
2	0.373 0	0.475 0	0.152 0
3	0.362 0	0.463 0	0.175 0
4	0.351 0	0.451 0	0.198 0
5	0.345 5	0.487 0	0.167 5
6	0.334 0	0.475 0	0.191 0
7	0.323 5	0.461 0	0.215 5
8	0.318 5	0.498 0	0.183 5
9	0.308 0	0.484 0	0.208 0
10	0.297 0	0.469 0	0.234 0
11	0.282 0	0.492 0	0.226 0
12	0.257 5	0.499 0	0.243 5

因此，最终进行试样制备所用的 12 个配方如表 3-8 所示。

表 3-8　胎体试样配方表　　单位：%

组分	Fe	Co	Mn	Cr	663Cu	WC
配方 1	15.80	12.00	3.00	0.10	39.10	30.00
配方 2	15.20	12.00	3.00	2.50	37.30	30.00
配方 3	17.50	12.00	3.00	1.30	36.20	30.00
配方 4	19.80	12.00	3.00	0.10	35.10	30.00

续表 3-8

组分	Fe	Co	Mn	Cr	663Cu	WC
配方 5	16.75	12.00	3.00	3.70	34.55	30.00
配方 6	19.10	12.00	3.00	2.50	33.40	30.00
配方 7	21.55	12.00	3.00	1.10	32.35	30.00
配方 8	18.35	12.00	3.00	4.80	31.85	30.00
配方 9	20.80	12.00	3.00	3.40	30.80	30.00
配方 10	23.40	12.00	3.00	1.90	29.70	30.00
配方 11	22.60	12.00	3.00	4.20	28.20	30.00
配方 12	24.35	12.00	3.00	4.90	25.75	30.00

利用热压烧结方法按上述配方制备好胎体试样后进行盐水环境下的腐蚀磨损试验，为增加胎体试样单位时间内的腐蚀磨损量，加大各配方之间的区分度，便于数据分析，本次试验仅使用 40 目石英砂，且整个腐蚀磨损试验全程橡胶轮保持转动并对胎体试样施加压力，测试时间延长为 30min。具体试验参数如表 3-9 所示。由于本次测试仅以胎体试样的腐蚀磨损质量损失为指标，因此试验时并未对胎体试样表面的电化学参数进行监测。

表 3-9　腐蚀磨损试验参数

参数	数值
载荷/N	10
石英砂含量/%	20
石英砂目数	40
盐水浓度/%	20
pH 值	10
橡胶轮周长/cm	55
转速/($r \cdot min^{-1}$)	240
测试时间/min	30

腐蚀磨损试验的测试结果如表 3-10 所示。

表 3-10　腐蚀磨损试验数据

配方号	质量损失/g	配方号	质量损失/g
1	0.321 6	7	0.320 7
2	0.302 3	8	0.295 5
3	0.332 4	9	0.321 7
4	0.316 7	10	0.262 3
5	0.326 7	11	0.249 2
6	0.399 7	12	0.158 7

3.4.3 试验数据分析

为了对试验数据进行回归分析，使用了如式(3-8)所示的 Scheffe 多项式非线性函数模型：

$$Y = \sum_{i=1}^{p} \beta_i + \sum_{i<j} \beta_{ij} x_i x_j \tag{3-8}$$

为了应对更加复杂的混料试验设计，可以采用 p 个自变量 n 次的多项式非线性回归方程，其 Scheffe 多项式非线性函数模型表达式为

$$\begin{aligned} Y &= \sum_{i=1}^{p} \beta_i + \sum_{i<j} \beta_{ij} x_i x_j + \sum_{i<j<k} \beta_{ijk} x_i x_j x_k \\ Y &= \sum_{i=1}^{p} \beta_i + \sum_{i<j} \beta_{ij} x_i x_j + \cdots + \sum_{i_1<i_2<\cdots<i_d} \beta_{i_1 i_2 \cdots i_p} x_{i_1} x_{i_2} \cdots x_{ki_d} \end{aligned} \tag{3-9}$$

在 Scheffe 多项式非线性函数模型中不包括单一自变量的多次项和常数项。若要在 3 个自变量因素 x_1、x_2、x_3 与评价指标 Y 之间建立二次型回归模型，那么其回归模型的表达式可以记作：

$$\begin{aligned} Y = & b_0 + b_1 x_1 + b_2 x_2 + b_3 x_3 + b_{12} x_{12} + b_{13} x_{13} + \\ & b_{23} x_{23} + b_{11} x_1^2 + b_{22} x_2^2 + b_{33} x_3^2 \end{aligned} \tag{3-10}$$

由于在 3 个变量的均匀设计中，存在等式关系 $x_1 + x_2 + x_3 = 1$，那么将有如式(3-11)所示等式关系成立：

$$\begin{aligned} b_0 &= b_0 (x_1 + x_2 + x_3) \\ x_1^2 &= x_1 (1 - x_2 - x_3) \\ x_2^2 &= x_2 (1 - x_1 - x_3) \\ x_3^2 &= x_3 (1 - x_1 - x_2) \end{aligned} \tag{3-11}$$

因此二次型回归模型表达式(3-10)可以变换为如下形式：

$$Y = b_1 x_1 + b_2 x_2 + b_3 x_3 + b_1 b_2 x_{12} + b_1 b_3 x_{13} + b_2 b_3 x_{23} \tag{3-12}$$

在这个表达式中只有一次项(x_i)以及自变量交互项($x_i x_j$)，不含常数项(b_0)和二次项(x_i^2)，又由于 $x_3 = 1 - x_1 - x_2$，上述表达式又可变换为

$$Y = b_0 + b_1 x_1 + b_2 x_2 + b_{12} x_1 x_2 + b_{11} x_1^2 + b_{22} x_2^2 \tag{3-13}$$

本书试验中的 3 个变量分别是胎体试样中 663Cu 的含量、Fe 的含量以及 Cr 的含量，由于前文进行均匀试验设计时将 Cr 的含量与胎体试样中其他组分的含量看作一个整体，则 3 个自变量之间符合上述表达式中的等式关系，即 $x_1 + x_2 + x_3 = 1$。因此可用上述表达式对本书试验数据进行回归分析。令 x_1 为 663Cu 的含量，x_2 为 Fe 的含量，将上述表达式和腐蚀磨损试验所得试验数据输入软件中，设置 b_0、b_1、b_2、b_3、b_{12}、b_{11}、b_{22} 初始值均为 0，求得如下回归分析结果(表 3-11)。

表 3-11 回归分析结果

系数	系数值	标准误差	P 值
b_0	−29.131	9.910 394	0.025 967
b_1	102.579 2	34.937 26	0.026 08
b_2	127.494 6	43.293 93	0.025 784
b_3	−202.587	74.231 08	0.034 225
b_{12}	−94.316 8	31.277 73	0.023 534
b_{22}	−155.435	49.334 79	0.019 799

由表 3-11 中的回归分析结果可知，本次回归分析所得的拟合方程为

$$Y=-29.131+102.579\,x_1+127.495\,x_2-202.587\,x_1\,x_2-94.317\,x_1^2-155.435\,x_2^2 \tag{3-14}$$

表 3-12 中的拟合系数 R^2 是评定拟合方程优度的统计量，R^2 的取值区间为[0，1]，R^2 的值越接近于 1，说明模型对实测值的拟合程度越好。由表 3-12 中数据可知，此次回归分析的拟合系数 $R^2=0.931$，说明本书利用 Scheffe 多项式非线性函数模型对此次腐蚀磨损试验数据的拟合效果非常好。

同时表 3-13 中的 Significance F 值的大小说明了在回归分析前所做的原假设发生的概率，其值由统计学利用显著性检验方法求得。当 Significance $F>0.05$ 时表示差异无显著意义，不能拒绝原假设；当 $0.01<$Significance $F<0.05$ 时表示有统计学差异，可以否定原假设；当 Significance $F<0.01$ 时表示有显著的统计学差异。由表 3-13 中数据可知，此次回归分析的 Significance $F=0.001\,958<0.01$，可以拒绝在回归分析时所做出的各项系数均为 0 的假设，说明此次的回归分析所得的拟合方程十分显著，图 3-7 所示的线性拟合图同样可以看出拟合效果非常好。另外各个系数的 P 值均落在区间[0.01，0.05]上，同样说明所得拟合方程中的各项均对 Y 值有显著影响。

表 3-12 相关性分析结果

复相关系数 R	拟合系数 R^2	调整后 R^2	标准误差	观测值
0.965	0.931	0.874	0.021	12

表 3-13 方差分析结果

	df	SS	MS	F	Significance F
回归分析	5	0.034 775	0.006 955	16.291 96	0.001 958
残差	6	0.002 561	0.000 427		
总计	11	0.037 336			

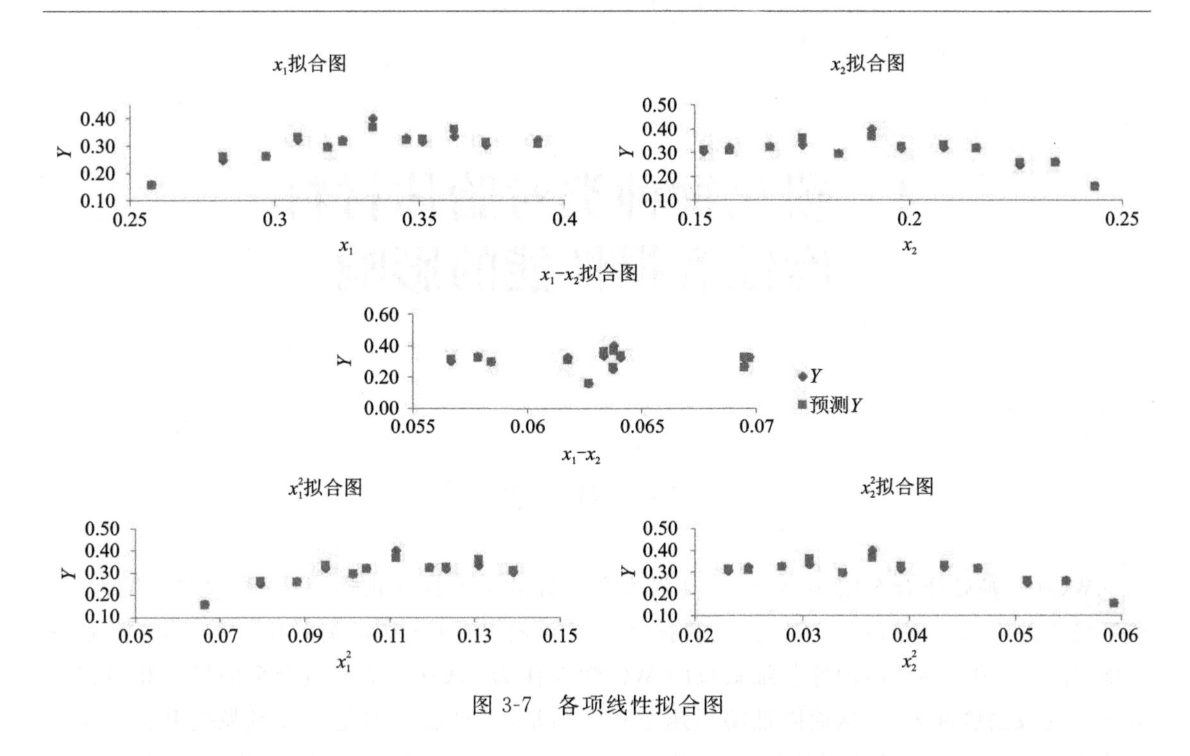

图 3-7 各项线性拟合图

3.4.4 规划求解

将回归分析所得方程(3-14)代入软件中进行规划求解 Y 的最小值，其约束条件如下：

$$\begin{aligned} 0.25 \leqslant x_1 \leqslant 0.40 \\ 0.15 \leqslant x_2 \leqslant 0.25 \\ 0.50 \leqslant x_1 + x_2 \leqslant 0.55 \end{aligned} \tag{3-15}$$

通过规划求解得出，当 $x_1 = x_2 = 0.25$ 时，Y 取最小值 0.116 3。此时所对应的胎体试样配方如表 3-14 所示。

表 3-14 胎体试样配方表

组分	Cr	Fe	663Cu	Co	Mn	WC
含量/%	5	25	25	12.00	3.00	30.00

根据规划求解所得的胎体试样配方进行试样制备后重复腐蚀磨损试验对 Y 的预测值进行验证，结果如表 3-15 所示。可以看出，实测值与预测值之间的偏差仅为 4%，这进一步验证了本章利用 Scheffe 多项式非线性函数模型对此次腐蚀磨损试验数据进行拟合所得回归方程的合理性。

表 3-15 验证试验结果

预测值	实测值	偏差/%
0.116 277	0.115 8	0.4

4 碳化物种类对胎体材料腐蚀磨损性能的影响

4.1 引言

WC-Co 基硬质合金因为高硬度、高强度和良好的耐磨性而被广泛应用，但在腐蚀性、高温环境中的应用受到限制。WC 颗粒的粒径不仅影响 WC-Co 基钻头胎体材料的钻进、切削性能，还会影响材料的耐蚀性。细颗粒的 WC 颗粒作为 WC-Co 基硬质合金的增强相可以提升材料的致密度和硬度，从而降低磨损速率和磨损量，并且通过细化 WC 颗粒提升材料耐磨性比降低黏结金属含量更有效(Larsen-Basse，1973；Jia and Fischer，1996)。Okamoto 等(2005)在研究中发现，大颗粒的 WC 颗粒(20～30μm)制备的 WC-Co 基硬质合金表现出延展性，而小颗粒的 WC 颗粒(3～6μm)制备的 WC-Co 基硬质合金表现出脆性。在酸性溶液中，粗颗粒的 WC 基硬质合金材料产生的钝化电流密度要远大于中等颗粒的 WC 基硬质合金材料产生的钝化电流密度(Tomlinson & Ayerst，1989)。在碱性溶液中，同样存在类似的现象，这是因为细颗粒的 WC 颗粒在烧结过程中更容易发生 W 和 C 元素在 Co 基质中的溶解，稳定了 Co 的面心立方晶体结构，从而提升了 WC-Co 基硬质合金的耐腐蚀性(Kellner et al.，2009)。因此，细化 WC 颗粒不仅可以提升硬质合金的硬度和耐磨性，还可以增强 Co 黏结金属在强腐蚀环境中的耐腐蚀性。

为提高硬质合金的耐蚀性，无钨硬质合金(不含 WC 和 Co)的研究得到了关注和发展，TiC、Cr_3C_2等碳化物被用来代替 WC 颗粒，Fe、Ni 及其合金被用来代替 Co 作为黏结金属(Pirso et al.，2011；Kübarsepp et al.，2022)。研究表明，硬度相同的情况下，不同碳化物颗粒增强的金属基复合材料在不同磨损机制下的耐磨性差异取决于材料本身的结构敏感性，具体表现为冲蚀磨损条件下耐磨性差异最大，黏着磨损条件下差异最小，而磨粒磨损条件下的差异处于前两者之间，TiC-FeNi 复合材料的耐磨性在磨粒磨损条件下可以达到与 WC-Co 基硬质合金材料相同的水平(Kübarsepp et al.，2001)。Hussainova(2003)分别以 Ni、Mo 比例不同的两种合金作为黏结相制备了 TiC-NiMo 复合材料，同时制备了分别以马氏体、奥氏体为黏结金属成分的 TiC-FeNi 复合材料，研究 TiC 基金属陶瓷的耐冲蚀磨损性能，试验表明，黏结金属的合金化程度对材料的耐冲蚀磨损性能影响较大。马氏体作为 TiC-FeNi 的黏结金属成分与奥氏体作为黏结金属成分时相比，前者的冲蚀磨损速率更低；TiC-NiMo 复合材料中金属 Mo 的比例越高，硬质颗粒与黏结金属的相间结合强度越高，从而减少了微裂纹的成核和发展，提升了材料抗冲蚀磨损性能。另外，他们还采用传统热压烧结和反应性粉末冶金两种方式分别制备了 Cr_3C_2 含量不同的 Cr_3C_2-Ni 基复合材料，并进行冲蚀磨损试验和磨粒磨损试验，结果表明，传统热压烧结的方法使复合材料中生成了断裂韧性更低的 Cr_7C_3，而反应性粉末冶金法制备的复合材料晶间结合力更强、硬质颗粒分布更均匀，在两种磨损条件下都表现出更低的磨损速率(Hussainova et al.,2007)。对比 WC-Co 硬质合金材料和 TiC、Cr_3C_2 增强金属陶瓷在冲蚀磨损条件下的磨损速率，可以发现不同硬度的冲蚀颗粒会对磨损机制产生影响：如果冲蚀颗粒的硬度小于复合材料的硬度，则磨损速率由复合材料本身的弹性模量起决定性作用，弹性模量越高磨损速率越低；而冲蚀颗粒硬度超过复合材料的硬度时，使用断裂韧性更高的硬质颗粒作为增强相的复合材料磨损速率更低，例如使用 SiC 作为冲蚀颗粒时，TiC 基金属陶瓷的耐冲蚀磨损性能可以与 WC 基硬质合金相媲美(Hussainova,2001)。即使在复合材料具备相同硬度的情况下，它表现出来的抗侵蚀性能也会有巨大差异，因而不能只通过硬度来解释复合材料抗冲蚀性能的差异，硬度相同的复合材料的耐磨性可能受到抗断裂韧性的影响(Reshetnyak and Kuybarsepp,1994)。在 B_4C 作为硬质颗粒增强相方面，Şimşir 等(2011)研究了 B_4C 颗粒和 Fe 的加入对 Co 基胎体材料耐磨性的影响，研究表明，B_4C 颗粒可以在一定程度上提升金刚石工具胎体材料的耐磨性。

在已有的相关研究中，碳化物颗粒已被证实可以作为添加剂抑制 WC 颗粒的生长，从而增强 WC 基硬质合金的硬度和断裂韧性，例如 TiC、TaC、VC、Cr_3C_2、ZrC 等(Wittmann et al.,2002)。在 WC-Co 基硬质合金中添加不同粒度的 NbC 粉末(分别为商用和低温试验制备)，尽管低温合成的 NbC 颗粒较粗且不均匀，但粗颗粒由 NbC 微晶附聚物组成，由于它保持了反应物本身的形状，低温试验制备的 NbC 因而能更好地抑制 WC 颗粒的异晶生长，从而获得更高的硬度(Da Silva et al.,2000)。添加少量碳化物颗粒或金属添加剂除了可以抑制 WC 颗粒生长进而增强材料耐磨性之外，少量的 Cr_3C_2 添加剂还可以在材料表面形成稳定的 Cr_2O_3 保护膜来进一步提升材料的耐腐蚀性(Thakare et al.,2007)。此外，Machio 等(2013)研究了在中性 NaCl 溶液和模拟矿井水中，VC 含量对 WC-Co 基硬质合金的耐腐蚀性的影响。极化曲线显示，WC-Co 基硬质合金在 NaCl 溶液中的腐蚀电流大小与 VC 含量没有明显关系，但高含量的 VC 可以降低 WC-Co 基硬质合金在模拟矿井水中的腐蚀电流密度。这是因为 VC 的加入减少了扩散进入 Co 黏结金属中的 W 原子数量，从而提升了硬质合金的磁饱和度，导致其耐腐蚀性降低。而 NaCl 溶液中的高浓度氯离子凸显了磁饱和度对耐腐蚀性的影响，从而导致不同 VC 含量的 WC-Co 之间的耐腐蚀性没有明显差异。在酸性溶液中，碳化钒的加入增强了 WC-Co 基硬质合金的耐腐蚀性，这是因为水合 WO_3 钝化膜的形成抑制了黏结金属的腐蚀溶解。但是 WC-VC-Co 硬质合金表面在硫酸溶液中形成了 $VOSO_4$ 水合物，而在盐酸溶液中没有观察到此水合物的形成，这可能是导致材料在盐酸溶液中的耐腐蚀性强于在硫酸溶液中的耐腐蚀性的原因(Konadu et al.,2010)。碳化钒同时也被认为是 WC-Ni 硬质合金最有效的晶粒生长抑制剂，可以明显提升硬质合金的硬度和强度(Wittmann et al.,2002)。石墨、碳化铬和碳化钒对 WC-Ni 硬质合金在含量为 3%的 NaCl 溶液中的腐蚀和腐蚀磨损行为有明显影响。石墨的加入相当于增大了腐蚀过程中的阴极面积，会降低硬质合金的耐腐蚀磨损性能，而碳化铬和碳化钒的加入可以明显提高硬质合金在 NaCl 溶液中的耐腐蚀磨损性能。这可能与摩擦区发生了元素转移形成了次生结构有关，该结构提高了 WC-Ni 硬质合金的耐腐蚀性（Pokhmurskyi et al.，2016）。

从目前的研究现状来看，WC 颗粒增强硬质合金的腐蚀磨损性能早已引起国内外研究者的关注，但是对热压孕镶金刚石钻头胎体材料腐蚀磨损性能的研究依然较少。虽然从成分含量和应用范围上来讲，热压孕镶金刚石钻头的胎体材料是一种 WC 颗粒增强金属基复合材料，与 WC 颗粒增强硬质合金存在一定差异，但是两种材料在成分构成上存在相似之处，因此在腐蚀磨损性能方面，两者的研究成果可以相互参考。然而，在强腐蚀性环境中，WC 颗粒增强金属基复合材料中的硬质颗粒与黏结金属容易形成电偶腐蚀，从而加快黏结金属的腐蚀溶解。因此对热压孕镶金刚石钻头胎体材料腐蚀磨损性能的研究是很有必要的。本章主要以硬质颗粒种类作为切入点，将其他应用场景中的颗粒增强金属基复合材料所使用的碳化物颗粒完全代替 WC 作为增强相，使用制造热压孕镶金刚石钻头的方法制备试样进行相关的腐蚀磨损试验，探究不同种类的碳化物颗粒作为增强相的金属基复合材料在强腐蚀性溶液环境中腐蚀磨损性能的差异。

本章以 WC 颗粒为增强相、Fjt-A3 预合金为黏结金属制备的颗粒增强金属基复合材料为对照，分别选用 TiC、Cr_3C_2 和 B_4C 作为 WC 的替代方案，设置了 4 种配方。其中，硬质颗粒粉末的体积分数为 15%。复合材料 WC-Fjt、TiC-Fjt、Cr_3C_2-Fjt 和 B_4C-Fjt 的 HRB 硬度分别为 104(±1.2)、100(±1.6)、105(±1.1)和 103(±1.6)。

腐蚀试验和腐蚀磨损试验所使用的溶液介质成分如表 4-1 所示。腐蚀磨损试验中，橡胶轮转速为 260r/min，载荷为 10N，试验时间为 30min。

表 4-1　各试验所用溶液介质成分

试验类型	耐腐蚀性试验	腐蚀磨损试验
溶液介质成分	20%NaCl 溶液 500 mL	20% NaCl 溶液 2L 345g 石英砂(40 目∶100 目＝1∶1)

4.2　动电位极化曲线分析

动电位极化曲线法是研究金属腐蚀的常用方法，是反映工作电极腐蚀速率的重要电化学测试手段。典型的动电位极化曲线通常包括强极化区（即 Tafel 区）、弱极化区和线性极化区。一般情况下，动电位极化扫描首先进行阴极极化扫描，再进行阳极极化扫描，形成的 E-lg i 曲线在强极化区基本呈直线型，即在阴极极化区和阳极极化区各有一个近似直线的区域，该区域的曲线即为 Tafel 曲线。利用 Tafel 反推法对动电位极化曲线进行拟合便可得到 Tafel 曲线，两曲线交点所对应的电位即为工作电极的自腐蚀电位（E_{corr}），所对应的电流密度即为工作电极的自腐蚀电流密度（i_{corr}）。

本试验中使用 4 种不同碳化物颗粒作为增强相的烧结试样在含量为 20%的 NaCl 溶液（pH 值为 10）中的动电位极化曲线如图 4-1 所示，通过 Tafel 反推法拟合得到的自腐蚀电位和自腐蚀电流密度如表 4-2 所示。

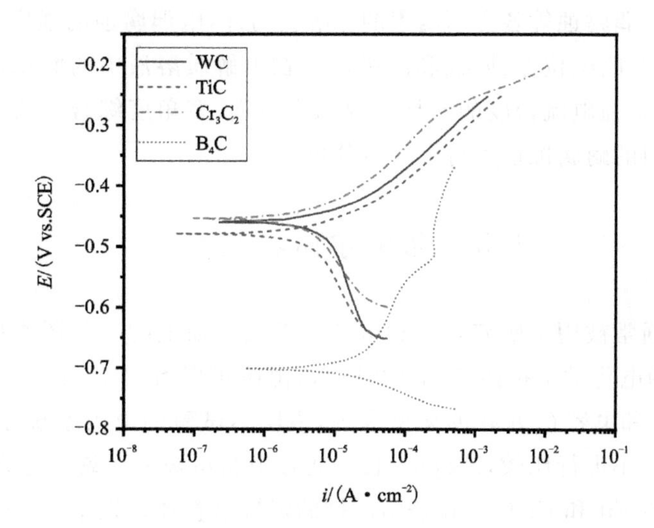

图 4-1　4 种烧结试样在 20% NaCl 溶液(pH 值为 10)中的动电位极化曲线

表 4-2　4 种烧结试样在 20% NaCl 溶液(pH 值为 10)中的自腐蚀电位和自腐蚀电流密度

烧结试样	E_{corr}/(Vvs. SCE)	i_{corr}/(A・cm^{-2})
WC-Fjt	−0.469(±0.029)	8.054(±2.026) $\times 10^{-6}$
TiC-Fjt	−0.486(±0.020)	5.041(±1.638) $\times 10^{-6}$
Cr_3C_2-Fjt	−0.484(±0.027)	5.171(±2.058) $\times 10^{-6}$
B_4C-Fjt	−0.696(±0.016)	1.755(±0.218) $\times 10^{-5}$

腐蚀电位是从电化学腐蚀热力学角度来判断材料发生电化学腐蚀的难易程度，腐蚀电位越低则表明材料在电解质溶液中越容易发生腐蚀，反之越不容易发生腐蚀；而腐蚀电流密度是从电化学腐蚀动力学角度来评价材料发生电化学腐蚀的速率，材料在电解质溶液中的腐蚀电流密度越大意味着材料腐蚀越快，反之材料腐蚀越慢。从 4 种烧结材料的动电位极化曲线和拟合得到的电化学特征参数来看，WC-Fjt、TiC-Fjt 和 Cr_3C_2-Fjt 共 3 种烧结试样的腐蚀电位非常接近，均在−0.45～−0.50 V 之间，而烧结试样 B_4C-Fjt 的腐蚀电位为−0.696 V，远低于其他 3 种烧结试样的腐蚀电位，表明从热力学角度分析，B_4C-Fjt 在 4 种烧结试样中最容易发生腐蚀，其耐腐蚀性是最差的；从腐蚀电流密度来看也可以得到同样的结论，烧结试样 B_4C-Fjt 的腐蚀电流密度为 1.755×10^{-5} A/cm^2，是 WC-Fjt 的腐蚀电流密度(8.054×10^{-6} A/cm^2)的 2 倍多，从电化学腐蚀动力学的角度表明 B_4C-Fjt 烧结试样在含量为 20%的 NaCl 溶液中有最高的腐蚀速率，耐腐蚀性最差。与 WC 基烧结材料相比，使用 TiC 和 Cr_3C_2 代替 WC 硬质颗粒作为增强相的烧结材料表现出减小的腐蚀电流密度，分别为 5.041×10^{-6} A/cm^2 和 5.171×10^{-6} A/cm^2，因而 TiC-Fjt 和 Cr_3C_2-Fjt 烧结试样在本试验所使用的电解质溶液中腐蚀速率较慢，拥有较好的耐腐蚀性。

碳化物硬质颗粒作为增强相的金属基复合材料在电解质溶液中的腐蚀电流密度受多种

因素影响，除了与黏结金属本身的腐蚀溶解速率相关之外，可能同时受到碳化物颗粒腐蚀溶解速率、腐蚀产物、电偶腐蚀等各方面因素的影响。另外，电偶腐蚀的强度受到电解质溶液的浓度、两个电偶之间开路电位差、阴极和阳极裸露在电解质溶液中的面积比等多种因素的影响。因此，烧结材料腐蚀电流密度的差异需要从多方面、多角度综合分析。笔者会从腐蚀产物的角度对烧结材料的耐腐蚀性进行进一步分析。

4.3 电化学阻抗谱分析

电化学阻抗谱通常被用于研究电极和电解质溶液界面上的氧化还原反应和电荷传输过程。4 种烧结试样的电化学阻抗谱如图 4-2 所示，由图可以看出 Nyquist 图呈现出形成半圆的趋势，这是电阻 R 和电容 C 并联的典型表现，表明本试验的电极系统在动力学控制之内。通过对半圆的直径大小进行比较，Nyquist 图中可以分析电极表面氧化还原反应，即法拉第过程的阻抗。图中 TiC-Fjt 和 Cr_3C_2-Fjt 烧结试样的阻抗谱直径差别不大，而 WC-Fjt 烧结试样的阻抗谱直径略小，B_4C-Fjt 烧结试样的阻抗谱直径最小。由此可见，B_4C-Fjt 烧结试样表面的氧化还原反应阻抗最小，WC-Fjt 烧结试样的阻抗其次，且略小于 TiC-Fjt 和 Cr_3C_2-Fjt 烧结试样的阻抗。这与上一节中分析动电位极化曲线及其拟合结果所得结论一致。

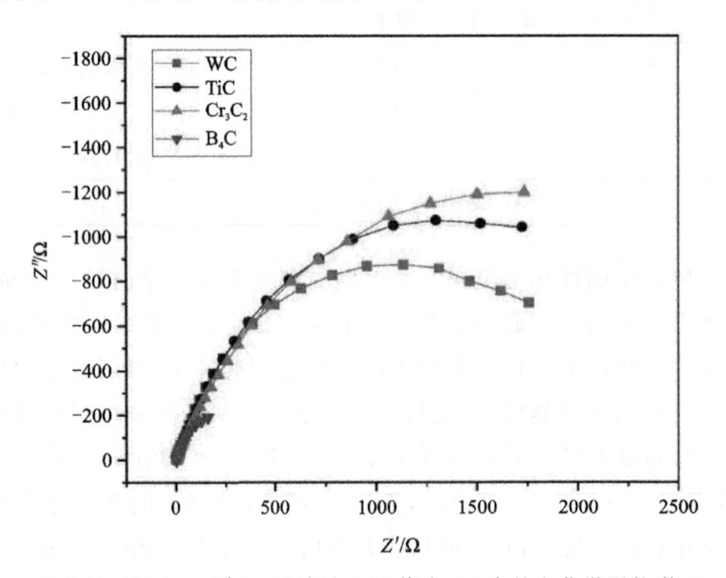

图 4-2　4 种烧结试样在 20% NaCl 溶液（pH 值为 10）中的电化学阻抗谱-Nyquist 图

图 4-3 所示为对电化学阻抗谱进行拟合时使用的等效电路图。其中，R_s 为参比电极和工作电极之间的电解液的内阻；R_{ct} 为法拉第阻抗，即发生氧化还原反应和电荷转移的阻抗；CPE 为常相位角元件，一种非理想状态下的“界面双电层-界面”电容。烧结材料和电解质溶液两者接触面上的正负离子可以形成具有电容性的双电层，并且具备存储和传输电荷的能力，而由于烧结材料表面物质的不均匀性、电解质的不均匀性等原因，这样的双电层并非一个理想的电容。由于通过烧结材料的电流是通过双电层的电流和氧化还原反应产生的电流之和，因而 R_{ct} 和 CPE 两者在等效电路图中是并联关系。电化学阻抗谱拟合结果如表 4-3 所示。其

中，R_{ct}与电极表面氧化还原反应的电荷转移有密切关系，R_{ct}值越高说明电极表面生成的腐蚀产物膜具有较高的稳定性，电荷在电极和电解质溶液接触面累积，并且扩散程度低、电荷转移少，从而使整个工作电极具备良好的耐腐蚀性。因此，R_{ct}值是评价工作电极的耐腐蚀性的主要判断依据。拟合数据结果表明，4 种烧结试样的阻抗大小与动电位极化曲线拟合数据结果所反映的规律一致，即 TiC-Fjt 和 Cr_3C_2-Fjt 均具备良好的耐腐蚀性，WC-Fjt 的耐腐蚀性其次，而 B_4C-Fjt 的耐腐蚀性最差。

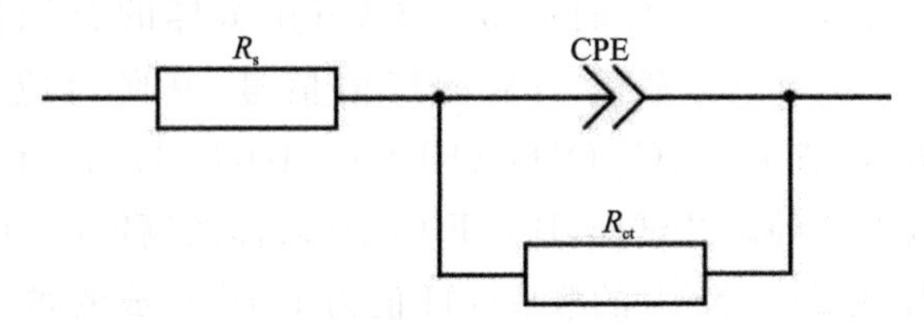

图 4-3　电化学阻抗谱拟合所用的等效电路图

表 4-3　电化学阻抗谱拟合所得数据(括号中为曲线拟合时软件输出的误差百分比)

试样	溶液阻抗 R_s/(kΩ·cm^{-2})	CPE-T/(μF·cm^{-2})	CPE-P	法拉第阻抗 R_{ct}/(kΩ·cm^{-2})
WC-Fjt	2.99 (2.57%)	1.45×10^{-3} (1.77%)	0.80 (0.58%)	2 415.7 (3.46%)
TiC-Fjt	2.77 (1.85%)	1.49×10^{-3} (1.17%)	0.76 (0.39%)	3 212.1 (3.01%)
Cr_3C_2-Fjt	2.18 (1.23%)	4.81×10^{-4} (0.82%)	0.78 (0.21%)	3 380.4 (1.03%)
B_4C-Fjt	3.91 (2.56%)	3.27×10^{-2} (0.47%)	0.84 (0.41%)	636.0 (3.21%)

4.4　腐蚀产物分析

为了进一步研究烧结材料的耐腐蚀性，对腐蚀磨损过程中烧结材料表面因腐蚀作用而生成的新物质进行拉曼光谱分析。将用砂纸逐级打磨过的烧结试样使用无水乙醇在超声波清洗机中清洗干净后，只留下一个工作表面，其他表面使用硅橡胶进行密封绝缘，浸没静置在含量为 20%的 NaCl 溶液(pH 值为 10)中一周时间，使表面富集足够多的腐蚀产物，便于拉曼光谱分析。

腐蚀之后的 4 种烧结试样表面的拉曼光谱分析结果如图 4-4 所示，图中标记了拉曼光谱在试样表面选取的点位，并附上该点对应的拉曼光谱。从图中可以看出，WC-Fjt 试样腐蚀表面的拉曼光谱在 281cm^{-1}和 682cm^{-1}处出现较为明显的峰值，两个峰值所对应的腐蚀产物分

别为 Fe_2O_3(Criado et al.,2015;Demircioğlu et al.,2021)和 $CuFeO_2$(来自 RRUFF 数据库,物质 ID:R050403)。在 TiC-Fjt 试样表面同样出现了 WC-Fjt 试样表面出现的 Fe_2O_3 和 $CuFeO_2$,分别对应 $284cm^{-1}$ 和 $682cm^{-1}$ 处的峰值;值得注意的是,在 $464cm^{-1}$ 处出现的峰值所对应的物质为 TiO_2(Tompsett et al.,1995;Hu et al.,2009)。图中显示 Cr_3C_2-Fjt 试样表面的拉曼光谱出现的两处峰值分别为 $553cm^{-1}$ 和 $677cm^{-1}$,分别对应 Cr_2O_3(Maslar et al.,2001)和 Fe_3O_4(Zhang et al.,2009)两种物质,与前面两种烧结试样不同的是,没有在腐蚀表面中检测到明显的 Cu 的氧化物或氢氧化物的信号。B_4C-Fjt 试样的腐蚀表面拉曼光谱显示了 $234cm^{-1}$、$512cm^{-1}$ 和 $592cm^{-1}$ 三处较为明显的峰值信号,其所对应的物质分别为 $Fe_2O_2(BO_3)$(RRUFF ID: R050477)、$Cu_2Cl(OH)_3$(RRUFF ID:R141083)和 $FeSn(OH)_6$(RRUFF ID:R100016),相较于其他 3 种烧结试样,B_4C-Fjt 试样表面的腐蚀产物较为复杂。由此可知,4 种烧结试样的黏结金属在 20% NaCl 的溶液(pH 值为 10)中形成的腐蚀产物主要为铁铜的氧化物以及少量的氯化物、氢氧化物。除此之外,碳化物颗粒通常也会发生一定程度的腐蚀溶解。WC 颗粒在碱性溶液中一般以 WO_4^{2-} 形式存在,且形成水溶性的 Na_2WO_4(Thakare et al.,2009)。TiC 颗粒可能会通过以下化学反应生成 TiO_2:

$$TiC + O_2 = Ti + CO_2$$

$$3Ti + 8OH^- + O_2 = 3TiO(OH)_2 + H_2O + 8e^-$$

$$TiO(OH)_2 = TiO_2 + H_2O$$

Cr_3C_2 也表现出腐蚀溶解并氧化。B_4C 作为一种简并半导体,其表面性质更接近于金属(Ding et al.,2006),因此,B_4C 被检测到以 BO_3^{2-} 的形式与 Fe^{3+} 络合形成腐蚀产物。

烧结试样表面形成的钝化膜可以有效避免电解质溶液的电化学腐蚀破坏。在碱性溶液中,TiC 颗粒表面生成的亚氧化钛等腐蚀产物会发生溶解,而 TiO_2 作为一种稳定的氧化物可以在颗粒表面起到一定的保护作用(Lin et al.,2014)。与此相似的是,已有研究表明,WC 基硬质合金中引入 Cr_3C_2 后,材料在碱性溶液中的腐蚀表面可以检测到岛屿状分布的 Cr_2O_3 氧化膜(Wan et al.,2013)。结合 TiC-Fjt 和 Cr_3C_2-Fjt 两种烧结试样在含量为 20%的 NaCl 溶液(pH 值为 10)中的腐蚀产物拉曼光谱分析,可以认为 TiO_2 和 Cr_2O_3 氧化膜由碳化物颗粒反应生成,附着在 TiC 和 Cr_3C_2 表面作为保护膜抑制碳化物颗粒的进一步腐蚀溶解,从而起到提高材料整体耐腐蚀性的作用。

综合以上内容,可以得出以下结论:

(1)TiC 和 Cr_3C_2 代替 WC 作为硬质颗粒增强相后,烧结试样的腐蚀电流密度明显降低,而腐蚀电位没有明显变化。从腐蚀产物的角度来看,TiC-Fjt 和 Cr_3C_2-Fjt 烧结试样在含量为 20%的 NaCl 溶液(pH 值为 10)中腐蚀产生的 TiO_2 和 Cr_2O_3 氧化膜有较高的稳定性,可以对碳化物硬质颗粒的腐蚀溶解起到一定的抑制作用。

(2)B_4C 代替 WC 作为硬质颗粒增强相的烧结材料表现出明显降低的腐蚀电位和升高的腐蚀电流密度。B_4C 作为一种简并半导体,表面具有更接近金属的性质,它与电解质溶液的接触面也类似于金属与电解质溶液的接触面,因而 B_4C 较容易发生腐蚀溶解。在 B_4C-Fjt 烧结试样腐蚀表面检测到的腐蚀产物 $Fe_2O_2(BO_3)$ 也证实了 B_4C 的溶解。

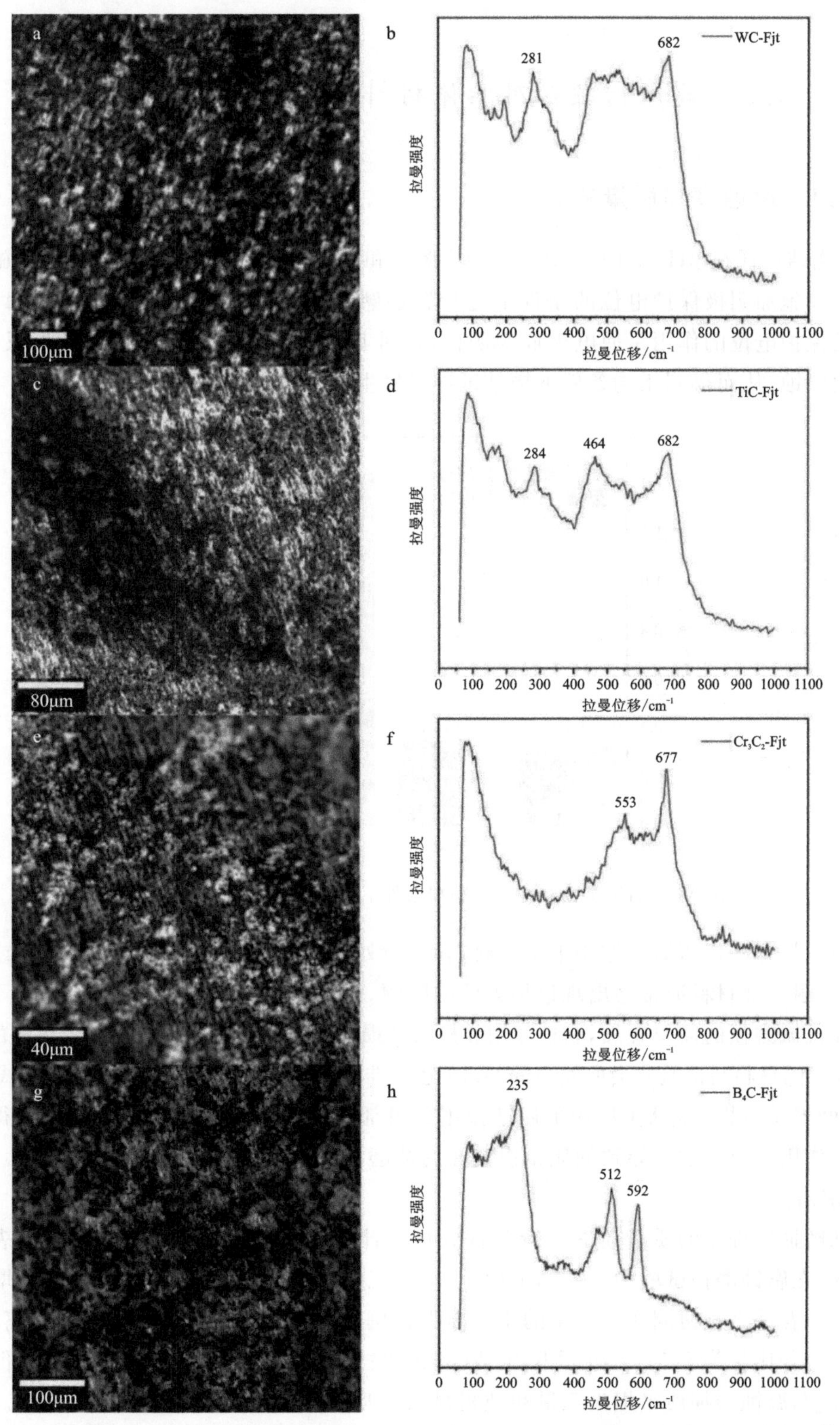

图 4-4　4 种烧结试样在 20%NaCl 溶液(pH 值为 10)中腐蚀 168h 之后的样品表面及表面产物的拉曼光谱

a、b. WC-Fjt;c、d. TiC-Fjt;e、f Cr_3C_2-Fjt;g、h. B_4C-Fjt

4.5 碳化物颗粒对胎体材料腐蚀磨损性能的影响

4.5.1 腐蚀磨损质量损失

4 种烧结试样在 pH 为 10 的 20% NaCl 溶液和石英砂的混合浆液中，分别在不施加阴极保护电位和施加阴极保护电位的条件下进行腐蚀磨损试验，产生的质量损失如图 4-5 所示。施加阴极保护电位的作用是使电极成为阴极，促进其与电解质溶液界面上的还原反应，抑制电极氧化腐蚀，从而得到相同条件下烧结试样只发生磨粒磨损而产生的质量损失。

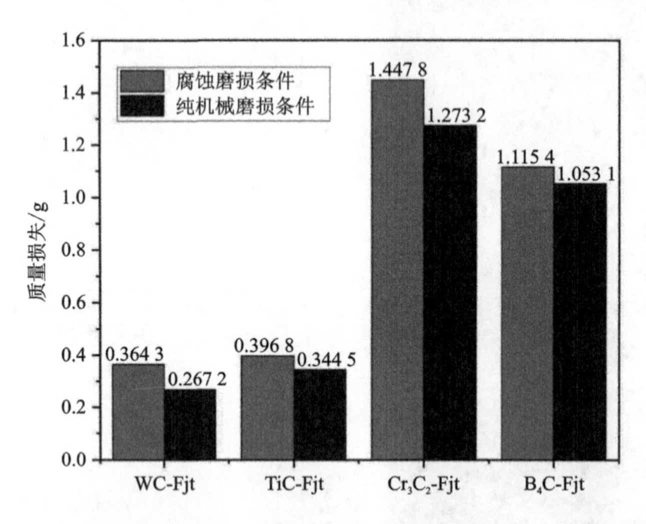

图 4-5 腐蚀磨损和纯机械磨损条件下 4 种烧结试样的质量损失

耐磨性材料在机械磨损作用下工作时，如果所处的工作环境使其发生化学腐蚀或电化学腐蚀，那么耐磨性材料通常会出现过早失效的问题。因为在腐蚀介质中的磨损机理不只是腐蚀作用和机械磨损的简单叠加，腐蚀作用和机械磨损的协同作用同样会导致不容小觑的质量损失。根据美国材料与试验协会所发布的 G119 号标准，腐蚀磨损的协同作用可以通过式(1-2)求得；腐蚀磨损质量损失总量(T)中的腐蚀作用分量部分(C)可以通过式(1-3)计算获得；腐蚀-磨损协同作用可以通过其导致的质量损失在腐蚀磨损质量损失总量中的百分比来表示，可用式(1-4)求出。

腐蚀磨损过程中的质量损失总量及各分量的计算结果汇总如表 4-4 所示。由表中数据分析可知，在腐蚀磨损试验中，TiC、Cr_3C_2 和 B_4C 三种硬质颗粒分别代替 WC 作为增强相的烧结材料因腐蚀磨损协同作用产生的质量损失比例均明显降低。其中 B_4C-Fjt 的腐蚀-磨损协同作用百分比仅为 5.57%，几乎只有 WC-Fjt 腐蚀-磨损协同作用百分比的 1/5，但由于其耐磨性较差，腐蚀磨损质量损失总量和纯机械磨损质量损失分量比 WC-Fjt 高两倍。值得注意的是，从腐蚀磨损质量损失总量来看，TiC-Fjt 具有和 WC-Fjt 几乎同等水平的表现，腐蚀磨损协同作用比例也仅为 WC-Fjt 的一半，但是 TiC-Fjt 因纯机械磨损产生的质量损失分量较高，即与 WC-Fjt 相比，TiC-Fjt 的耐磨性较差。

表 4-4 4 种烧结试样在腐蚀磨损试验中的质量损失总量(T)及纯机械磨损(A)、纯腐蚀作用(C)、腐蚀-磨损协同作用(S)导致的质量损失分量

试样	T/g	A/g	C/g	S/g	S 占比/%
WC-Fjt	0.364 3	0.267 2	7.57×10^{-5}	0.097 0	26.63
TiC-Fjt	0.396 8	0.344 5	3.85×10^{-5}	0.052 3	13.17
Cr_3C_2-Fjt	1.447 8	1.273 2	4.34×10^{-5}	0.174 6	12.06
B_4C-Fjt	1.115 4	1.053 1	1.34×10^{-4}	0.062 2	5.57

4.5.2 腐蚀磨损形貌分析

在共聚焦激光扫描显微镜下对烧结试样在腐蚀磨损试验之后的表面形貌进行了观察和表征，4 种烧结试样的磨损表面光学形貌如图 4-2 所示。通过对两种试验条件下的磨损表面进行对比，可以看出腐蚀磨损表面存在较为明显的腐蚀迹象。烧结试样的磨损表面光学形貌图中相应展示了试样磨损表面(垂直于摩擦方向)的截面轮廓图，图中的红线、蓝线将轮廓的最高点和最低点标定出来。在两种试验条件下，Cr_3C_2-Fjt 烧结试样表面的磨损痕迹都有最大的高度差，且表现出连续的高度较低的轮廓线，表明其表面因机械磨损导致的沟槽具有最大的深度和宽度，B_4C-Fjt 烧结试样表面的沟槽深度与宽度次之。这与 Cr_3C_2-Fjt 和 B_4C-Fjt 烧结试样在腐蚀磨损试验中较高的质量损失存在一定关联，可以在一定程度上证明两者较差的耐磨性。

基于以上的观察与分析，对烧结试样磨损表面的表面粗糙度进行了测量并总结如表 4-5 所示。由表中数据可知，Cr_3C_2-Fjt 和 B_4C-Fjt 烧结试样的磨损表面粗糙度明显高于 WC-Fjt 和 TiC-Fjt 烧结试样，同样佐证了前两者相较于后两者耐磨性明显较差。值得注意的是，从表面粗糙度的数据来看，4 种烧结试样在纯机械磨损条件下的磨损表面粗糙度均略高于腐蚀磨损条件下的磨损表面粗糙度。这样的现象可以解释为在有腐蚀作用发生的条件下，粗糙表面的突起具有更高的离子释放速率(Sukhorukova et al.，2017)，因而与表面的凹槽相比，突起会以更高的腐蚀速率发生腐蚀，进而降低突起与凹槽之间的高度差，表面粗糙度随之减小。

表 4-5 4 种烧结试样在腐蚀磨损和纯机械磨损条件下磨损表面的表面粗糙度

烧结试样	表面粗糙度 R_a/μm	
	腐蚀磨损	纯机械磨损
WC-Fjt	0.99(±0.06)	1.13(±0.07)
TiC-Fjt	1.08(±0.02)	1.20(±0.15)
Cr_3C_2-Fjt	1.36(±0.15)	1.50(±0.24)
B_4C-Fjt	1.38(±0.11)	1.41(±0.15)

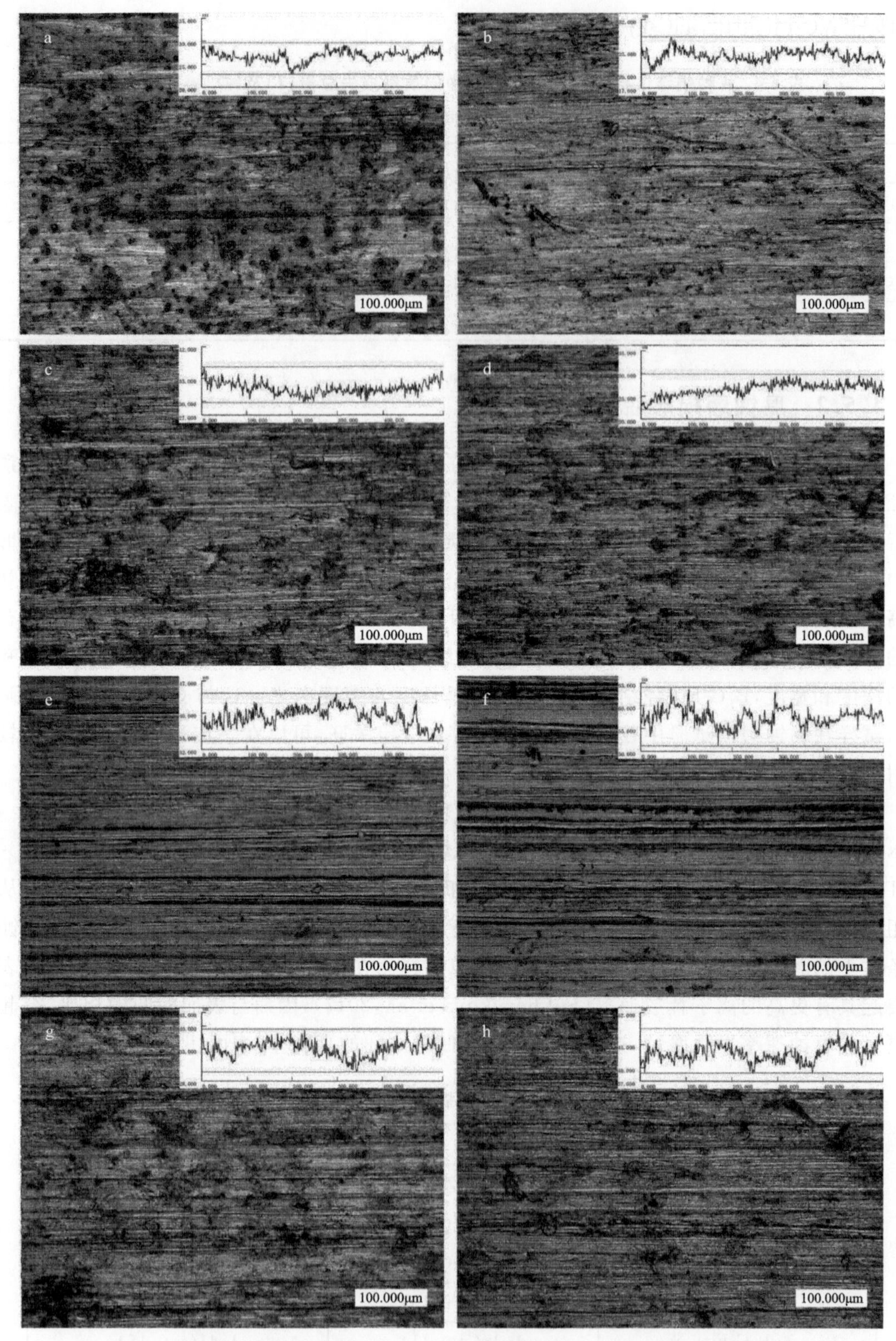

图 4-6　4 种烧结试样在腐蚀磨损(左)和纯机械磨损(右)后的表面光学形貌图

a、b. WC-Fjt;c、d. TiC-Fjt;e、f. Cr_3C_2-Fjt;g、h. B_4C-Fjt;插图为垂直于摩擦方向的磨损表面截面轮廓图

为了对腐蚀磨损条件下烧结试样的磨损行为和机理进行进一步分析，首先在扫描电子显微镜下观察了 4 种烧结试样在所有试验之前的表面形貌，用以表征硬质颗粒在黏结金属中的形态及分布，如图 4-7 所示；然后对比腐蚀磨损试验和纯机械磨损试验之后的烧结试样磨损表面形貌，并对观察到的物质进行 EDS 能谱分析，如图 4-4 所示。EDS 能谱对扫描电镜下的烧结试样磨损表面的物质元素进行表征，以直观分辨磨损表面的碳化物颗粒增强相及黏结金属相。值得注意的是，在图 4-4g 和 h 中，未能在 EDS 能谱中检测到 B 元素，这是因为 EDS 检测需要在元素的特征 X 射线能量范围内进行，而 B 元素的原子序数较低，X 射线能量范围非常低(0.18～0.20keV)，所以难以被 EDS 探测器检测到(Huang et al.,2015)。

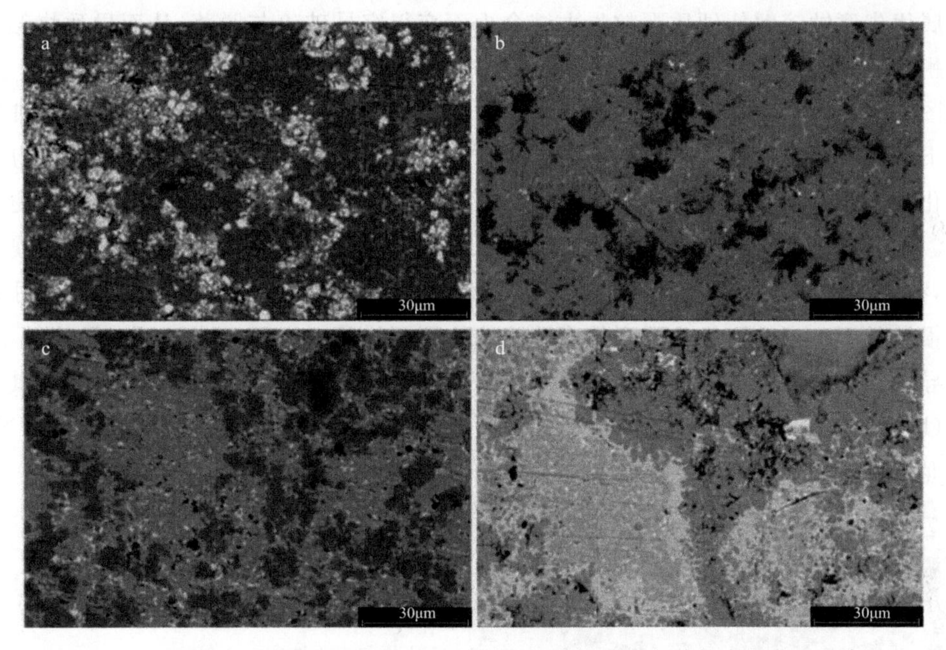

图 4-7　4 种烧结试样在腐蚀磨损试验和纯机械磨损试验之前的表面微观形貌图

a. WC-Fjt；b. TiC-Fjt；c. Cr_3C_2-Fjt；d. B_4C-Fjt

从图 4-7 中可以看出，硬质颗粒在黏结金属中分布较为均匀，碳化物颗粒在 SEM 图中分别表现为：a 中浅色区域为 WC；b 中深色区域为 TiC；c 中深色区域为 Cr_3C_2；d 中深灰色区域为 B_4C。扫描电镜下观察到碳化物颗粒粒径普遍小于 300 目，这可能是因为在球磨机中混料时粉末发生了一定程度的破碎。由图 4-8 中 a、b 与 c、d 对比可知，与 TiC 相比，WC 的破碎程度更严重一些。但是，在 TiC-Fjt 烧结试样表面观察到一些小规模的、延硬质颗粒与黏结金属结合面发展的微裂纹，这可能由两种原因导致：一种是 TiC 的热膨胀系数在 4 种碳化物颗粒中较大；另一种是 TiC 与金属 Ni 之间的润湿性较差，导致烧结试样中的黏结金属之间在冷却时出现残余应力，进而形成微裂纹(Wang et al.,2009；Rajabi et al.,2014)。烧结试样中的微裂纹等缺陷在一定程度上影响了材料本身的耐磨性，这可能是 TiC-Fjt 的耐磨性比 WC-Fjt 的耐磨性差的原因。此外，对比同种硬质颗粒作为增强相的烧结试样在腐蚀磨损和纯机械磨损条件下 SEM 形貌图可以发现，硬质颗粒与黏结金属的接触界面在腐蚀磨损条件下发生了黏结金属的选择性腐蚀与溶解(如图 4-8 中扫描电镜图中的箭头所指出的位置所示)，而在纯机械磨损条件下的硬质颗粒与黏结金属在接触界面依然紧密结合。这种多相材料在强腐蚀性环境中发生黏结金属选择性腐蚀溶解的现象通常被认为是电偶腐蚀，即在强腐蚀性环境下，开路电位更高的碳化物颗粒作为阴极、开路电位更低的黏结金属作为阳极形成微电偶，加剧了黏结金属的腐蚀溶解(Schnyder et al.;2004;Cho et al.,2006)。因而，加入硬质颗粒作为增强相的烧结材料与金属基体相比，在电解质溶液中可能会有更高的腐蚀速率。腐蚀磨损条件下黏结金属的选择性腐蚀可能是导致烧结材料质量损失升高的重要原因。因为硬质颗粒是使金属基复合材料的硬度和耐磨性比纯金属或合金材料更高的主要原因，而烧结材料正是通过黏结金属将硬质颗粒牢固结合在一起来提升自身硬度和耐磨性。然而，硬质颗粒周围的黏结金属优先腐蚀溶解使硬质颗粒失去结合力而变得容易破碎与脱落，从而导致烧结材料的硬度与耐磨性在腐蚀磨损条件下骤然降低。

在图 4-8e～h 中可以看到，Cr_3C_2-Fjt 和 B_4C-Fjt 中的碳化物颗粒在腐蚀磨损和纯机械磨损条件下都表现出更明显的裂纹和更细碎的破碎形态，如图中的圆圈所指出的位置所示，这导致碳化物颗粒更容易脱落，Cr_3C_2-Fjt 和 B_4C-Fjt 因而在两种试验条件下都表现出更高的质量损失。同时，在图 4-8e 和 g 中也观察到了黏结金属的选择性腐蚀溶解。此外，在腐蚀磨损条件下，在 B_4C-Fjt 烧结试样的磨损表面观察到了蘑菇状的碳化物破碎颗粒，这表明 B_4C 在腐蚀磨损条件下也发生了较为强烈的腐蚀溶解。这可能是因为 B_4C 本身是一种简并半导体，这种半导体与电解质溶液的接触界面接近于金属与电解质溶液的接触界面，从而使其容易发生腐蚀(Ding et al.,2006)。B_4C 的这种特性可能也是导致 B_4C-Fjt 在含量为 20%的 NaCl 溶液(pH 值为 10)中产生较高腐蚀电流密度的重要原因。

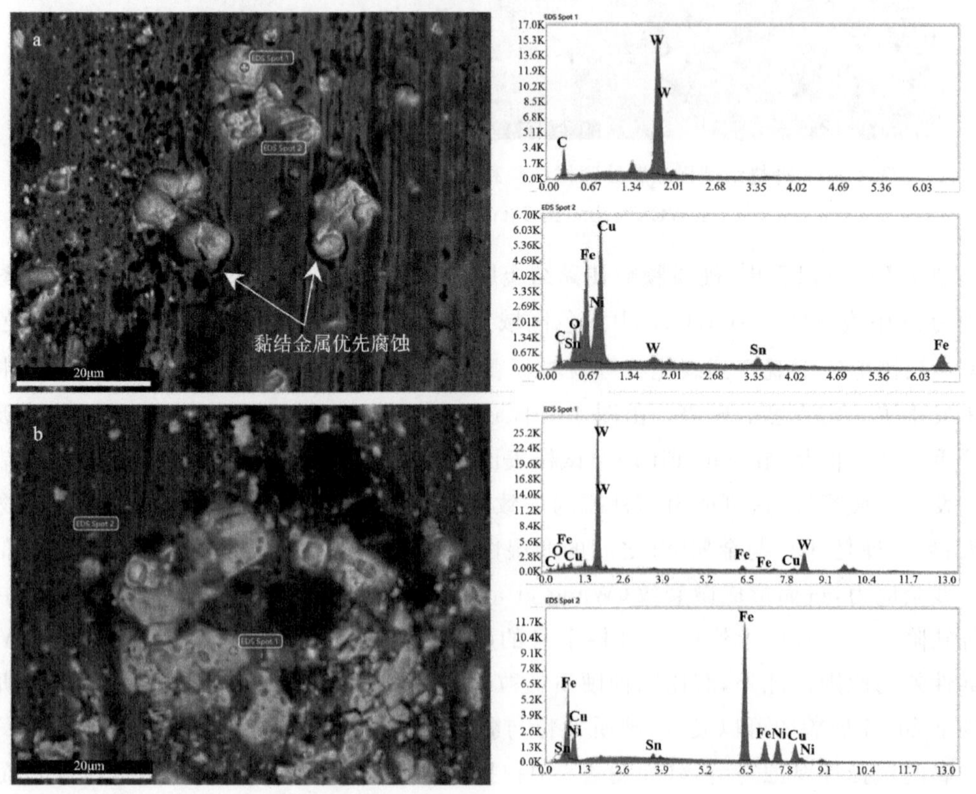

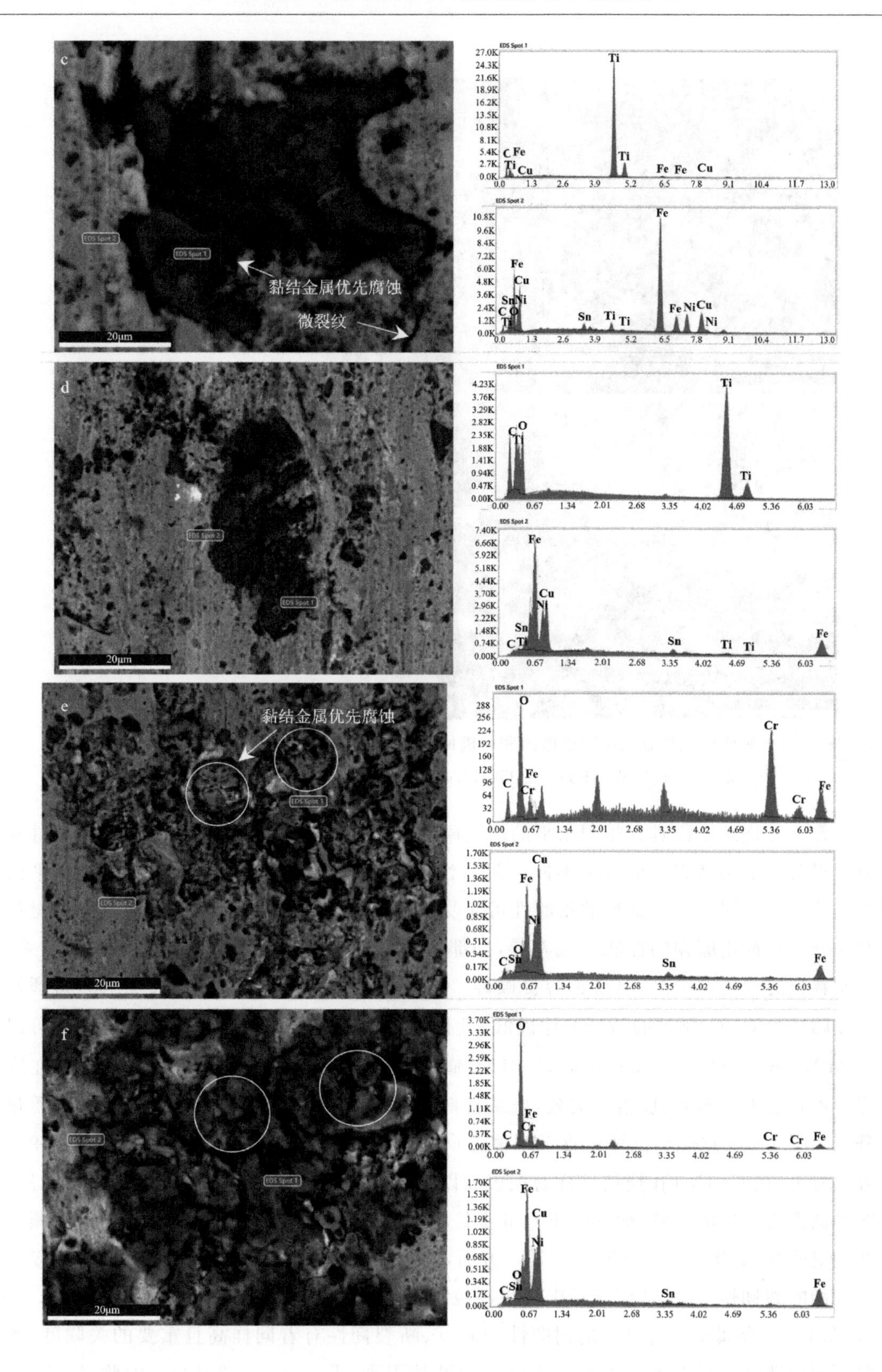
c
黏结金属优先腐蚀
微裂纹
20μm
d
20μm
e
黏结金属优先腐蚀
20μm
f
20μm

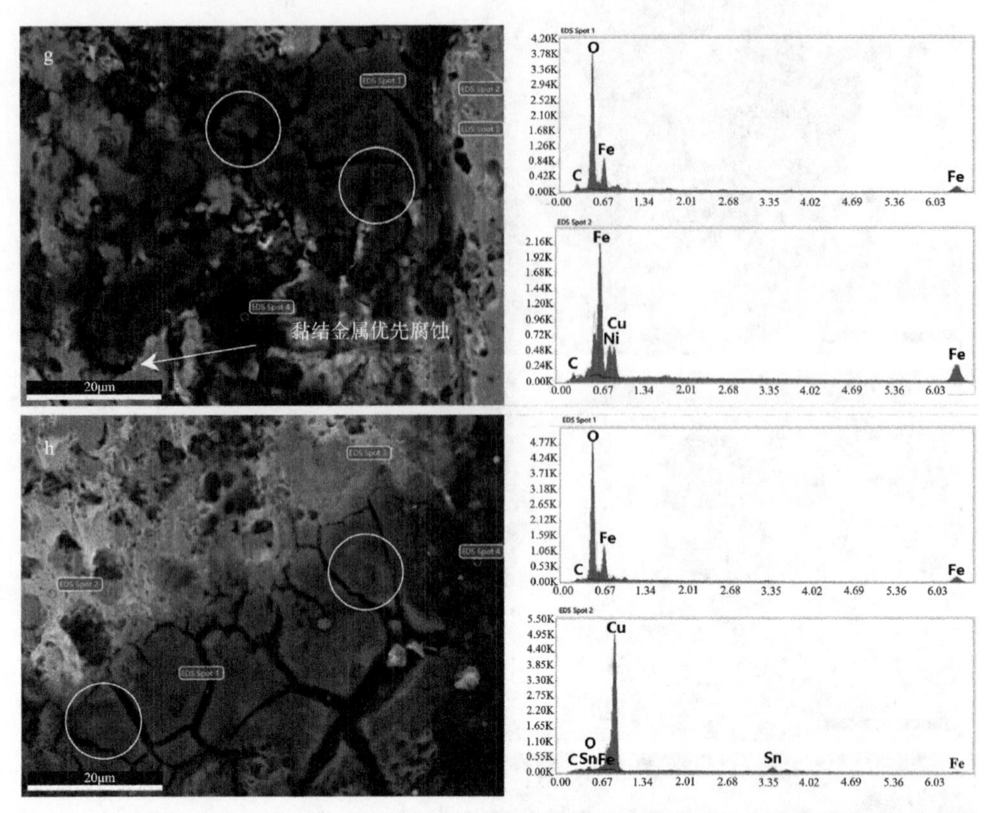

图 4-8　4 种烧结试样分别在腐蚀磨损和纯机械磨损条件下磨损表面的 SEM 图像和 EDS 能谱

a、b. WC-Fjt；c、d. TiC-Fjt；e、f. Cr_3C_2-Fjt；g、h. B_4C-Fjt

尽管 4 种烧结试样具有相同水平的洛氏硬度（101～105HRB），但是在腐蚀磨损条件和纯机械磨损条件下仍然表现出截然不同的耐磨性。这种差异可以被解释为同等硬度水平的碳化物颗粒增强金属基复合材料的耐磨性可能受到断裂韧性的影响。一方面，不同烧结材料抵抗磨粒磨损和冲击磨损的性能形成差异，一部分归因于材料中的硬质颗粒断裂韧性较差，虽然硬质颗粒的硬度都很高，但是也容易破碎。Cr_3C_2 增强金属基复合材料表现出的高磨损速率可以归结为 Cr_3C_2 颗粒的断裂韧性极低，只有 $3MPa \cdot m^{1/2}$，而 WC 颗粒的断裂韧性可以高达 $15MPa \cdot m^{1/2}$（Hussainova et al.，2001）。碳化物颗粒本身较低的断裂韧性导致其在磨损过程中更容易发生破碎、脱落而失效，烧结材料因失去了硬质点的支撑而耐磨性下降、质量损失升高。图 4-9 为将烧结试样垂直于摩擦方向切割之后的磨损表面的横截面，从图 4-9e～h 中可以看出，在 Cr_3C_2-Fjt 烧结试样磨损表面以下的碳化物颗粒已经发生了较为严重的破碎，如图中圆圈所指出的位置；而 WC-Fjt 和 TiC-Fjt 烧结试样磨损表面及以下的碳化物颗粒完整性相对较好，如图 4-9a～d 所示。另一方面，B_4C 硬质颗粒的引入可能会导致金属基复合材料本身的断裂韧性下降，从而导致碳化物颗粒增强金属基复合材料的耐磨性降低（Karabulut et al.，2016）。金属基复合材料的耐磨性与硬度、断裂韧性有着同样高且重要的关联度，硬度低但断裂韧性高的材料可能依然有良好的耐磨性表现（Tian et al.，2010）。因此，B_4C-Fjt 烧结材料表现出较高的磨损速率可以归结为 B_4C 颗粒的引入导致烧结材料的断裂韧性下降，部分抵消了 B_4C 颗粒对烧结材料硬度的提升。

另外，在图 4-9 中对比腐蚀磨损条件和纯机械磨损条件下每种烧结试样的磨损表面横截面形貌，同样可以发现碳化物颗粒周围的黏结金属在腐蚀磨损条件下存在明显的选择性腐蚀行为。

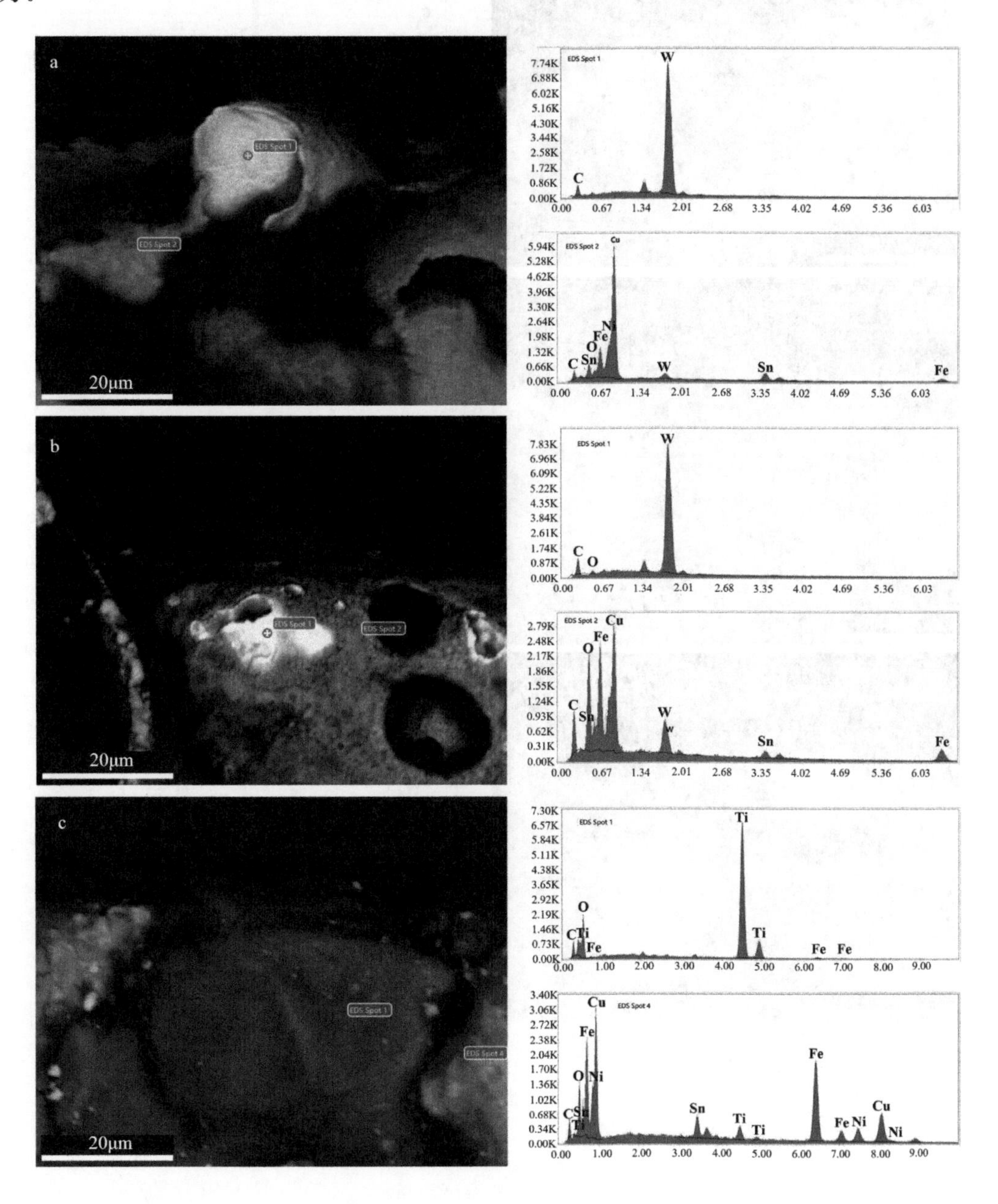

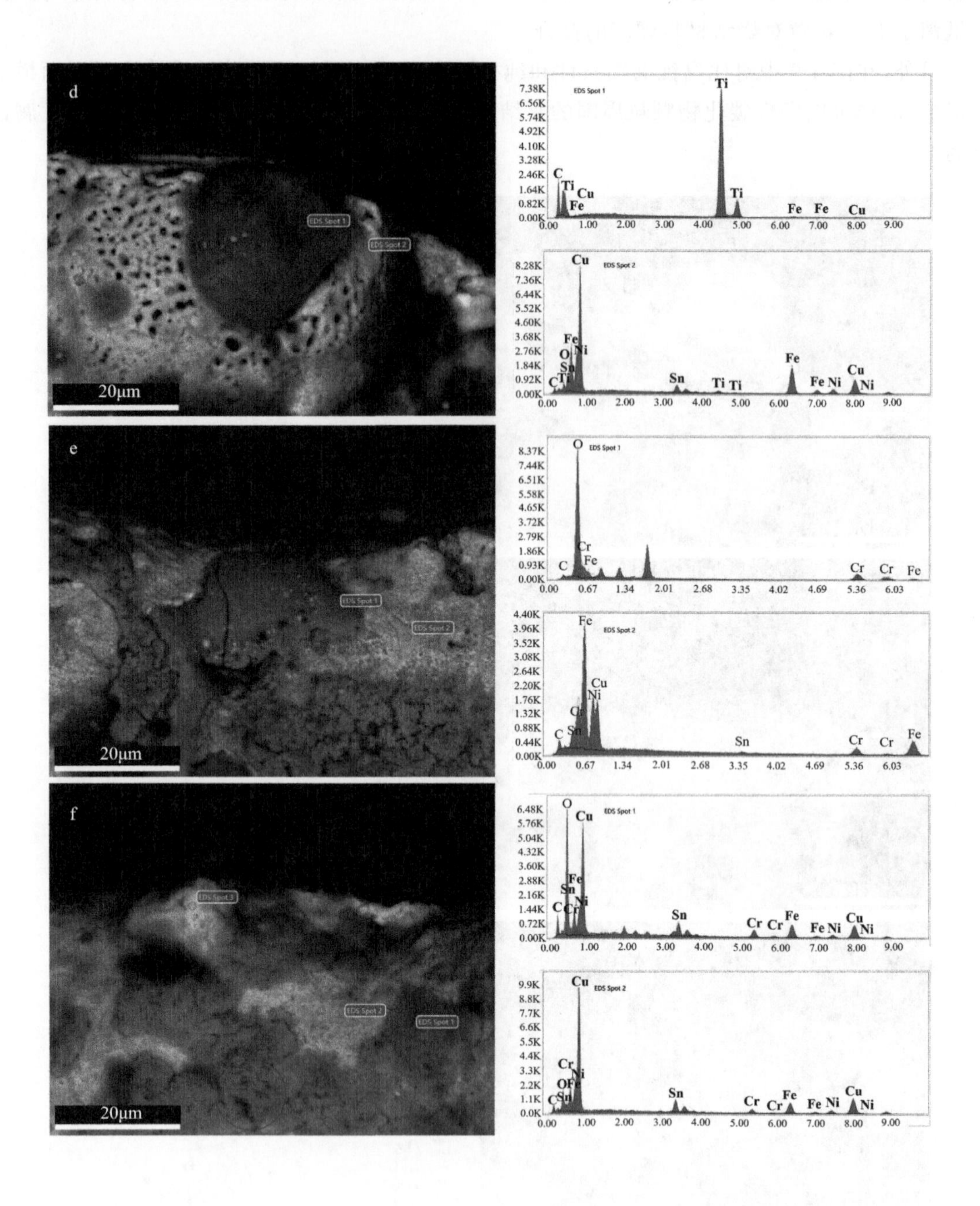
d
EDS Spot 1
EDS Spot 2
20μm
e
EDS Spot 1
EDS Spot 2
20μm
f
EDS Spot 1
EDS Spot 2
EDS Spot 3
20μm
C Ti Cu Fe Ti Ti Fe Fe Cu
Cu Fe O Ni Sn C Ti Sn Ti Ti Fe Fe Ni Cu Ni
O C Cr Fe Cr Cr Fe
Fe Cu Ni C Sn Cr Sn Cr Cr Fe
O Cu Fe Sn C Cr Ni Sn Cr Cr Fe Fe Ni Cu Ni
Cu Cr Ni O Fe Sn Sn Cr Cr Fe Fe Ni Cu Ni

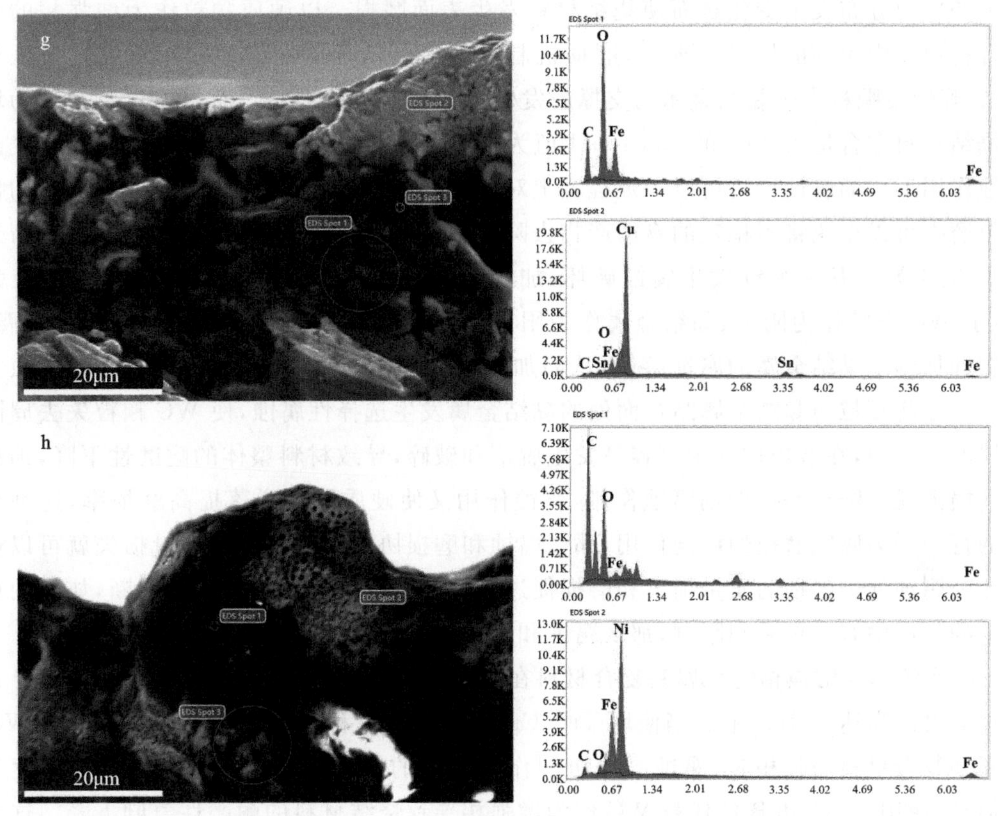

图 4-9　4 种烧结试样分别在腐蚀磨损和纯机械磨损条件下磨损表面横截面的 SEM 图像和 EDS 能谱

a、b. WC-Fjt；c、d. TiC-Fjt；e、f. Cr_3C_2-Fjt；g、h. B_4C-Fjt

总而言之，在不同体系的碳化物颗粒增强金属基复合材料中，硬度不是评价材料耐磨性的唯一指标(Kübarsepp et al.,2022)。在不同碳化物作为增强相而黏结金属相同的情况下，三体磨料磨损的耐磨性可能首先取决于硬质颗粒的断裂韧性等性能，然后再考虑金属黏结剂的影响。

4.6　腐蚀磨损机理分析

4 种碳化物颗粒作为增强相的热压烧结材料在高浓度盐水泥浆模拟环境中发生磨粒磨损产生的质量损失，均高于施加阴极保护电位之后磨损产生的质量损失。通过对热压烧结材料进行电化学性能测试得到相应的电化学特征参数，烧结材料因腐蚀作用产生的质量损失分量便可以通过计算获得。将纯腐蚀作用和纯机械磨损导致的质量损失分量相加，再与腐蚀磨损导致的质量损失相比，结果依然为腐蚀磨损导致的质量损失更大，且该现象在 4 种烧结材料中普遍存在。显然，烧结材料在以含量为 20％的 NaCl 弱碱性溶液为例的强腐蚀性溶液中发生磨粒磨损时，其磨损机制已不只是纯腐蚀作用和纯机械磨损的简单叠加，腐蚀和磨损的协同作用成为关注重点。

在本试验中，石英砂作为磨粒介入橡胶轮和烧结试样两个相互接触的表面之间，导致接触面上的压力分布发生变化从而使烧结材料发生表面磨损。以硬质颗粒作为增强相的金属基复合材料发生单纯的机械磨损时，磨损机制通常为黏结金属在磨粒作用下发生挤压与犁削，WC等硬质颗粒失去黏结金属的支撑后发生疲劳破碎并被剥脱。而当WC颗粒作为增强相的烧结材料在含量为20%的NaCl(pH值为10)溶液中发生磨粒磨损时，纵然材料表面因为腐蚀作用形成的腐蚀产物可以一定程度上对金属基体起到保护作用，但在流动介质的作用下磨粒磨损可以很快将不稳定的腐蚀产物去除，使腐蚀产物之下未发生腐蚀的金属重新暴露在电解质溶液中，从而继续发生腐蚀破坏，加快材料的腐蚀消耗。另外，以电解质溶液为介质，由于WC颗粒作为阴极、黏结金属作为阳极形成微电偶，进而使材料同时发生电偶腐蚀。电偶腐蚀加剧了黏结金属的腐蚀溶解，从而加快材料整体的腐蚀速率。此外，电偶腐蚀主要导致了碳化物颗粒与黏结金属结合面处的黏结金属发生选择性腐蚀，使WC颗粒失去周围黏结金属的结合力，在磨损过程中更容易发生脱落和破碎，导致材料整体的耐磨性下降，加快材料的磨损消耗。磨粒磨损加剧腐蚀作用，腐蚀作用又使硬质颗粒脱落提高磨损率，这种相互促进的行为即为腐蚀磨损的协同作用，那么腐蚀和磨损协同作用导致的质量损失就可以进一步细分为腐蚀促进磨损的质量损失和磨损促进腐蚀的质量损失。由此可以推断，如果两种相互促进的作用中有一种受到限制，那么腐蚀和磨损的协同作用就会下降。

WC颗粒作为增强相的金属基复合材料在腐蚀磨损条件下，腐蚀和磨损协同作用导致的质量损失可以高达20%以上。当使用TiC、Cr_3C_2和B_4C三种硬质颗粒分别完全代替WC作为金属基复合材料增强相时，腐蚀磨损协同作用导致的质量损失百分比都有较大程度的下降。但是，使用Cr_3C_2和B_4C代替WC作为增强相导致烧结材料的耐磨性急剧下降。这是因为WC颗粒在发生破碎时有一定的延展性，而Cr_3C_2和B_4C的高脆性对烧结材料的耐磨性产生了不利影响，硬质颗粒的过早破碎与脱落使金属基体失去硬质点支撑而加快磨损。同时，Cr_3C_2和B_4C的引入可能会降低烧结材料整体的断裂韧性，又因为材料的耐磨性还受到硬度和断裂韧性的共同影响，所以Cr_3C_2-Fjt和B_4C-Fjt烧结材料的质量损失急剧升高。磨损速率的异常升高也可能对腐蚀磨损协同作用产生一定的影响。这种腐蚀磨损协同作用被削弱的现象可以理解为腐蚀和磨损相互促进的两个进程中至少有一个受到了限制。TiC和Cr_3C_2完全代替WC成为金属基复合材料中的增强相，材料本身的耐腐蚀性有了一定程度的提升，表现在电化学测试中腐蚀电流密度的下降。此外，在腐蚀后的TiC-Fjt和Cr_3C_2-Fjt烧结试样表面检测到的腐蚀产物TiO_2和Cr_2O_3，可以作为氧化物保护膜对TiC和Cr_3C_2的溶解起到一定的抑制作用；同时，通过将阴极表面钝化，削弱了烧结材料在电解质溶液中的电偶腐蚀，从而提升了材料整体的耐腐蚀性，一定程度上减缓了硬质颗粒因黏结金属选择性腐蚀而失去支撑、发生剥脱的速率，从根本上抑制了腐蚀对机械磨损的促进作用，从而表现出良好的腐蚀磨损性能。

5 缓蚀剂对 WC 基胎体腐蚀磨损性能的影响

5.1 引 言

金属材料的腐蚀广泛存在于工业生产中的各个领域，造成了资源能源的浪费，带来了巨大的经济损失。在众多的金属材料腐蚀防护手段中，通过在腐蚀介质中加入缓蚀剂被公认为是一种经济有效的方法。缓蚀剂保护法是通过在腐蚀介质中加入一定浓度(通常含量极少)的化学物质或化合物来防止或减缓金属材料的腐蚀。缓蚀剂的加入不会改变腐蚀环境以及金属材料的性质，并且通常只需要万分之几到百分之几的加入量就可以获得良好的效果。因此，缓蚀剂具有使用方便、加量少、见效快、成本低等优点。近些年来，缓蚀剂已经在工业领域得到了广泛的应用和发展。

缓蚀剂应用广泛、种类繁多，具有复杂多样的缓蚀机理。一般可以按照化学成分、缓蚀机理、缓蚀剂成膜类型、物理状态和用途对缓蚀剂进行分类。如果重点关注的是缓蚀剂形成保护膜的特征，可以将缓蚀剂分为氧化膜型缓蚀剂、沉淀膜型缓蚀剂和吸附膜型缓蚀剂(康万利和王凤平，2008)。氧化膜型缓蚀剂通过在金属表面形成致密、附着力好的氧化膜来抑制金属的腐蚀，如铬酸盐、重铬酸盐、亚硝酸盐等；沉淀膜型缓蚀剂则是与腐蚀介质中的有关离子反应并在金属表面形成防腐蚀的沉淀膜，常用的有硫酸锌、碳酸氢钙、聚磷酸钠等；吸附膜型缓蚀剂能够吸附在金属表面，改变金属表面的活性状态，从而防止腐蚀，根据吸附机理的不同又可分为物理吸附型(胺类、硫醇和硫脲等)和化学吸附型(吡啶衍生物、苯胺衍生物、环亚胺等)。3 种缓蚀剂膜如图 5-1 所示。

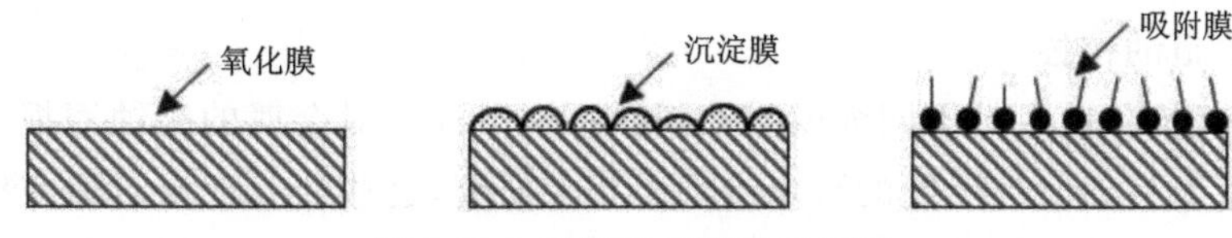

图 5-1 3 种缓蚀剂膜的示意图

在钻探领域，已经有研究人员研究了在钻井液中加入不同缓蚀剂对钻杆腐蚀的保护作用(邓义成等，2013；张姣姣等，2017；王姝婧等，2020)，但钻井液中的腐蚀成分与机械磨损的协同作用导致钻头胎体材料质量流失速率加快的问题没有得到足够重视。通过在钻井液中加入缓蚀剂来减缓由腐蚀磨损导致的钻头损失可能是一个有效的途径。

缓蚀剂对一些金属材料在不同条件下的腐蚀磨损或冲蚀磨损的影响已有研究，这对本课题研究缓蚀剂对孕镶金刚石钻头胎体腐蚀磨损性能的影响有着重要的借鉴意义。早在 20 世纪 90 年代，李诗锌等(1990)通过销环式腐蚀磨损试验研究了几种缓蚀剂对 45# 钢在稀硫酸以及 NaCl 中的腐蚀磨损行为，评定了不同缓蚀剂在腐蚀磨损中的适用性。通过测定的摩擦系数、磨损形貌和电化学曲线可以看出，几种缓蚀剂的加入均能不同程度减少材料的损耗，其中 IMC-5 和十二烷基磺酸钠在一定的条件下所形成的吸附膜还具有一定的减摩作用。随后姜晓霞等(1991)利用电化学和摩擦系数对几种添加剂在腐蚀磨损下对金属材料的腐蚀性能的影响与减摩作用，以及对表面膜的承载能力和恢复速率的影响进行了研究。研究人员指出，理想的腐蚀磨损抑制剂应该兼备腐蚀防护性能和润滑性，仅具有防腐蚀性能的吸附膜会在高载下剥落从而加剧材料流失，仅仅适用于轻载条件以减轻腐蚀磨损中腐蚀分量为主的材料流失；相对来说，仅具有减摩的吸附膜更为适用于轻腐蚀与高载荷的腐蚀磨损环境。除此之外，表面膜还必须具备一定的承载能力和修复速度。Pokhmurskii 等(2011)通过往复球磨机研究了铬酸盐缓蚀剂在人工酸雨中对铝合金的腐蚀磨损性能的影响，在进行测试的时候，同时测量开路电位、极化曲线并记录摩擦系数，并观察材料腐蚀磨损后的形貌。结果表明，铬酸盐能够有效地减缓铝合金的腐蚀，但由于形成的表面膜耐磨性不足，导致材料的损失速率较未加缓蚀剂的有所增加。Panagopoulos 等(2013)研究了不同浓度钼酸钠在多种浓度 NaCl 溶液中对锌滑动腐蚀磨损性能的影响。结果表明，缓蚀剂的加入能够提高锌在 NaCl 溶液中的耐蚀性，但由于生成的氧化膜与锌表面有着较弱的黏结作用，缓蚀剂并不能提高材料的腐蚀磨损性能。Xiong 等(2017)用综合计算和图像表征的方法研究了减摩剂(二烷基二硫代磷酸酯，EAK)和缓蚀剂[2,5-二(乙基二苯醚)-1,3,4-噻二唑，DTA]在滑动磨损下在铜表面的吸附作用。研究发现，缓蚀剂 DTA 通过多个 Cu—N 键和 Cu—S 键牢牢地吸附在 Cu 表面，而减摩剂 EAK 由于只有一个 Cu—O 键而吸附力较弱，XPS 的结果也证明了这一点。

天然气管道中气体含有诸如氯化物、硫化物、碳酸盐和碳酸氢盐等腐蚀成分，腐蚀与运输导致冲刷之间的协同作用对管道造成了严重的破坏，并造成了巨大的经济损失，使用缓蚀剂来保护管道是近年来主要的研究方向。Martínez 等(2009)研究了不同浓度胺类缓蚀剂在模拟流动条件下对管道的作用，结果表明 50×10^{-6} 的缓蚀剂能够产生稳定的保护膜，减少腐蚀介质的侵蚀，100×10^{-6} 的则表现出不稳定，并出现结垢和局部腐蚀。Senatore 等(2018)则研究了 $FeCO_3$ 与缓蚀剂在含砂的高流速腐蚀介质下对管道的协同保护作用，结果表明能够有效地减少流体对管道的侵蚀。

从以上可以看出，前人对不同浓度缓蚀剂在不同条件下对金属的腐蚀磨损性能的影响以及在冲蚀磨损下对材料腐蚀性能的影响进行了相关研究，这些研究成果对研究缓蚀剂在钻进过程中对钻头胎体腐蚀磨损性能的影响有着重要的借鉴意义。但是，钻头胎体的腐蚀磨损与以上材料有着一定的差异。孕镶金刚石钻头胎体耐磨性好、成分更为多样，这使得胎体腐蚀行为乃至腐蚀磨损行为更为复杂。另外，在钻进过程中，胎体的实际工况也与一般金属的腐蚀磨损有所差异，胎体在受到循环钻井液连续冲蚀的同时，还在不断地磨损岩石，由于主要起切削作用的为胎体中的金刚石，胎体磨损的形式主要为三体磨粒磨损，这与其他材料的腐蚀磨损工况有着较大差异。因此，缓蚀剂对孕镶金刚石钻头胎体的腐蚀磨损行为的影响是一个有待且值得研究的课题。

研究缓蚀剂在盐水溶液中对孕镶金刚石钻头胎体的腐蚀磨损行为的影响以及缓蚀作用，是在盐水泥浆中对孕镶金刚石钻头进行腐蚀防护的基础。如前所述，孕镶金刚石钻头在盐水泥浆这样的强腐蚀性介质中工作时，钻头的质量流失将不再是单纯的机械磨损问题，而是腐蚀磨损的结果，即钻头的质量流失不但是由地层和泥浆的机械作用(摩擦或冲刷)引起的，而且也是泥浆的腐蚀作用及其与机械磨损的协同作用的结果。关于 WC 基材料的腐蚀及腐蚀磨损前人已经有过广泛的研究，但是缓蚀剂对其缓蚀作用却没有提及，关于缓蚀剂在腐蚀磨损中的应用也只有较少的研究。

为了研究缓蚀剂在盐水泥浆中对胎体材料腐蚀磨损的防护作用，笔者在本章通过将缓蚀剂加入 20%NaCl 溶液中，研究它对胎体材料腐蚀磨损作用的影响。为进一步深入探索孕镶金刚石钻头胎体的腐蚀磨损特性，提高钻头在腐蚀性泥浆中的工作效率，将通过模拟试验以及理论分析，重点研究缓蚀剂对孕镶金刚石钻头胎体腐蚀磨损行为的影响。

选用 WC 基胎体配方进行腐蚀磨损特性的研究，并用 FJT 预合金(成分为 37%Fe、43%Cu、12%Ni 和 8%Sn)作为黏结相，胎体配方为 20%WC+80%FJT，记作 WC-FJT。选用预合金作为黏结剂的主要原因是：预合金有着较低的熔点，作为黏结相在烧结的过程中所有成分均是以液相存在的，使得热压烧结试样变得更均匀。相比使用单质粉末作为黏结相烧结，预合金的低熔点抑制了晶粒的生长，且有着更好的均匀性，这更有利于腐蚀性能测试中保持试样表面的阴阳极比，减少了试验的不确定性。由预合金的 SEM 图(图 5-1)可以看出不同成分均匀地混合在一起。此外，为了研究 WC 的加入对钻头胎体材料腐蚀和力学性能的影响，以相同的烧结参数烧结 FJT 预合金材料。烧结温度为 850℃，压强为 18MPa，保温保压时间为 4min。

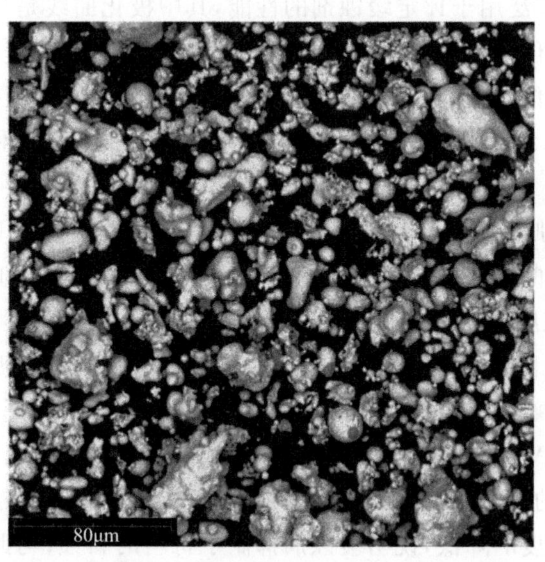

图 5-1　预合金 FJT 的 SEM 图

本章主要使用腐蚀介质是含量为 20%的 NaCl 溶液，并将 pH 值调整至 10。通常来说，有机缓蚀剂比无机缓蚀剂具有更高的缓蚀效率。其中苯并三唑(BTA)和咪唑啉(IM)及其衍生物被公认为是对铜、铁及其合金非常有效的有机缓蚀剂(Parook et al.，2015；Marija et al.，

2017；Zhang et al.，2017；Mirarco et al.，2018）。考虑到用于孕镶金刚石钻头的 WC 基胎体材料中通常也具有较多的 Cu 和 Fe，因此本章选择了 BTA 和 IM 作为缓蚀剂。BTA 和 IM 的化学结构式如图 5-2 所示，所加缓蚀剂的浓度为 10mmol。试验所用溶液均使用一次蒸馏水配制，化学药品为分析纯级别。配制好的测试溶液用作静态腐蚀试验和电化学测试，以此测试 BTA 和 IM 对材料腐蚀性能的影响。

而腐蚀磨损试验中所使用的浆料是通过在 1.5L 配置好的基础溶液（含或者不含缓蚀剂）中加入 400g 混合石英砂（40 目与 80 目粒径的石英砂各一半），并用搅拌机充分混合均匀而成的。配好的含有石英砂的溶液用于测试缓蚀剂对 FJT 和 WC-FJT 在腐蚀介质中腐蚀磨损行为的影响。

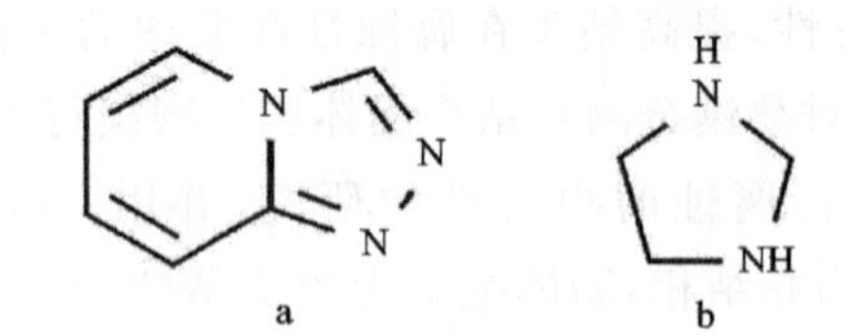

图 5-2　苯并三唑（a）和咪唑啉（b）的化学结构式

5.2　动电位极化曲线

腐蚀和缓蚀的本质都与电化学反应有关，腐蚀的进程是由材料表面阴阳极的反应决定的，而缓蚀剂作用的实质就是在材料表面形成一层保护膜从而阻碍电化学反应的进行。因此，电化学测试手段被广泛用于评定缓蚀剂的性能，其中极化曲线是最为常用、简单且有效的电化学方法。通过动电位扫描测试可以测到极化曲线，并用 Tafel 直线区外推可以得到材料在腐蚀介质中的腐蚀电位、腐蚀电流密度，这为研究缓蚀剂作用机理提供了重要的信息。本节通过极化曲线结果总结分析了 BTA 和 IM 两种缓蚀剂对 FJT 和 WC-FJT 试样的作用效果。

图 5-3 和图 5-4 分别为预合金 FJT 和胎体材料 WC-FJT 在 20%NaCl 溶液以及加入不同缓蚀剂的溶液中的极化曲线，根据 Tafel 拟合所得到的参数详见表 5-1。从图 5-3 中 FJT 的极化曲线可以看出，试样在所有测试溶液的极化曲线中表现出类似的形状，这与常见吸附型缓蚀剂表现出相似的结果，且阳极分支的电流密度随着电势向正向移动逐渐增加。根据所拟合的结果，BTA 的加入使 FJT 腐蚀电流密度明显降低，从 9.97×10^{-5} A/cm^2 降至 1.76×10^{-5} A/cm^2，并且腐蚀电位也从 -1.02V 正向移动至 -0.89V。一般来说，腐蚀电流密度与腐蚀速率呈正比关系，表明了材料腐蚀的快慢；而腐蚀电位则反映了材料发生腐蚀的趋势（黄琳，2005）。BTA 的加入导致腐蚀电流密度的降低，说明缓蚀剂抑制了材料的腐蚀；与此同时，腐蚀电位的正向移动表明材料的腐蚀趋势变小。BTA 引起 FJT 在盐水溶液中腐蚀电力密度和腐蚀电位的变化均表明其优异的缓蚀性能。从极化曲线和拟合的结果可以看出，IM 在腐蚀介质中使得腐蚀电流小幅度降低至 6.46×10^{-5} A/cm^2，但是对腐蚀电位没有明显影响。根据式（1-1）所算得的缓蚀率可知，η(BTA)$>\eta$(IM)，所以在 NaCl 溶液中 BTA 相比 IM 对 FJT 有着更为优异

的缓蚀性能。

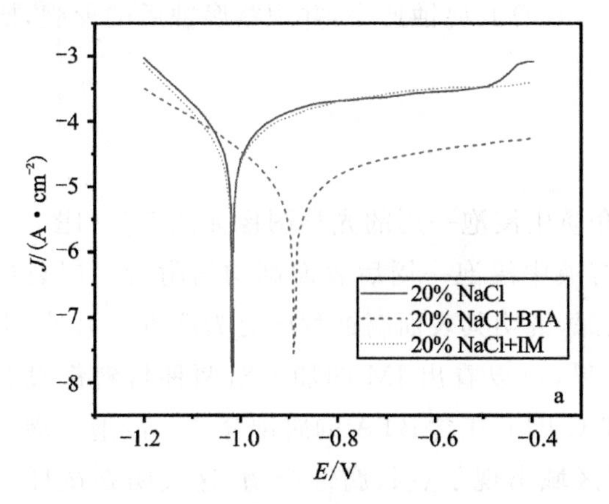

图 5-3 预合金 FJT 在 3 种溶液中的极化曲线

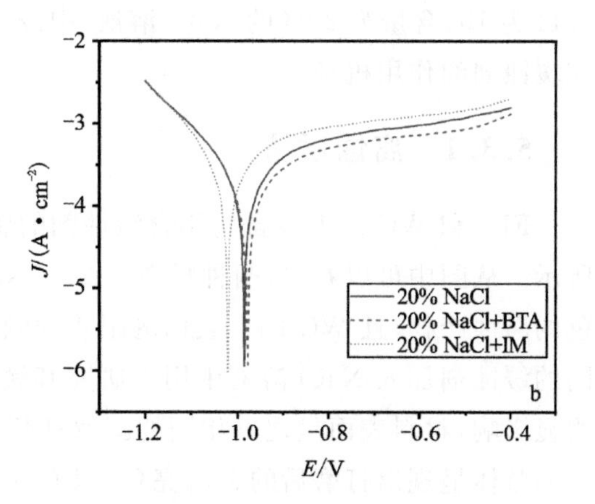

图 5-4 WC-FJT 在 3 种溶液中的极化曲线

表 5-1 FJT 和 WC-FJT 在不同溶液中测得极化曲线的拟合结果

	测试溶液	腐蚀电位 E_{corr}/(V vs. SCE)	腐蚀电流密度 j_{corr}/(A·cm^{-2})	缓蚀率 η/%
FJT	20% NaCl	−1.02	9.97×10^{-5}	/
	10mmol BTA+20% NaCl	−0.89	1.76×10^{-5}	82.34
	10mmol IM+20% NaCl	−1.02	6.46×10^{-5}	35.21
WC-FJT	20% NaCl	−1.07	9.44×10^{-4}	/
	10mmol BTA+20% NaCl	−1.06	6.20×10^{-4}	34.33
	10mmol IM+20% NaCl	−1.09	10.80×10^{-4}	−14.42

在图 5-4 中，WC-FJT 在 3 种溶液中的极化曲线也表现出与图 5-3 中类似的形状和趋势。从表 5-1 中的拟合结果可知，WC-FJT 在 3 种溶液中的腐蚀电流密度相比明显增加，且提高了一个数量级。这说明 WC 加入后，由于 WC 与黏结相直接的电位差，黏结相与其所形成的微电偶明显促进了腐蚀，增大了腐蚀电流密度，这也导致缓蚀剂的作用效果降低。相比 FJT 预合金材料，BTA 使 WC-FJT 在腐蚀介质中电流密度降低程度变小，并且对腐蚀电位没有作用，缓蚀率也从 82.34%降低至 34.33%；而 IM 则表现出腐蚀电流密度增大、腐蚀电位负向移动以及负的缓蚀率。总的来说，虽然由于 WC 与黏结相所形成的微电偶促进了材料的腐蚀，BTA 依然表现出一定的缓蚀性能。而 IM 则表现出较差的缓蚀效果，甚至加速了材料的腐蚀，表现为腐蚀电流密度的增加。

5.3 静态腐蚀质量与腐蚀形貌

静态腐蚀作为一种经典的衡量材料腐蚀性能的方法，有着广泛的使用范围。相比电化学测试虽然不能表明腐蚀的进程，但更为贴切实际工况，准确表明材料的腐蚀性能，常用来与其他测试手段作比较。本节通过将 FJT 和 WC-FJT 两种材料在含或不含缓蚀剂的腐蚀介质(pH 为 10,含量为 20%的 NaCl 溶液)中浸泡一周,计算其腐蚀速率,并观察腐蚀后的形貌,研究缓蚀剂的作用机理。

5.3.1 腐蚀质量

FJT 和 WC-FJT 在含与不含缓蚀剂的腐蚀介质中浸泡一周的光学图像如图 5-5 和图 5-6 所示。从图中可以看出,两种材料在 20%NaCl 溶液中浸泡一周后表面都均匀附着一层黄褐色的腐蚀产物,且 WC-FJT 表面的附着物颜色更深,说明其表面腐蚀程度更为严重。另外,不同的缓蚀剂加入 NaCl 溶液中用来研究其缓蚀效果,可以看出 IM 的加入对两种材料都没有明显影响,材料表面呈现出相同的图像;FJT 和 WC-FJT 在含 BTA 的腐蚀介质中浸泡一周后表面整体呈现出打磨后的金属亮色,只有在个别区域出现了点状腐蚀产物,这表明在试样表面发生了点蚀。从光学图像可以看出,BTA 在表面形成了有效的腐蚀防护膜,减少了材料表面腐蚀产物的生成,表现出了优异的缓蚀性能。

图 5-5 FJT 在 3 种溶液中浸泡一周后的光学图

a. 20%NaCl;b. 20%NaCl+BTA;c. 20%NaCl+IM

图 5-6 WC-FJT 在 3 种溶液中浸泡一周后的光学图

a. 20%NaCl;b. 20%NaCl+BTA;c. 20%NaCl+IM

FJT 和 WC-FJT 在空白溶液、加入 BTA 以及加入 IM 的溶液中浸泡一周后,通过除去表面腐蚀产物并称重,所得到的腐蚀质量如图 5-7 所示,具体数据见表 5-2。根据所测的腐蚀质量通过用式(5-1)计算腐蚀速率,所计算的结果如表 5-2 所示。

$$\upsilon = \frac{n_0 - n_1}{St} \tag{5-1}$$

式中:υ 为试样的腐蚀速度[g/(m^2 · h)];n_0 为试样在腐蚀前的质量(g);n_1 为腐蚀一周后去除

腐蚀产物的质量(g);S 为腐蚀面积(m^2);t 为腐蚀时间(h)。

表 5-2 FJT 和 WC-FJT 在不同溶液中的静态腐蚀结果

	测试溶液	腐蚀质量/g	腐蚀速率/[g·(m^2·h)$^{-1}$]
FJT	20% NaCl	0.005 0	0.056 5
	10mmol BTA+20% NaCl	0.003 6	0.040 7
	10mmol IM+20% NaCl	0.005 4	0.061 0
WC-FJT	20% NaCl	0.006 3	0.071 1
	10mmol BTA+20% NaCl	0.003 4	0.038 4
	10mmol IM+20% NaCl	0.006 6	0.074 5

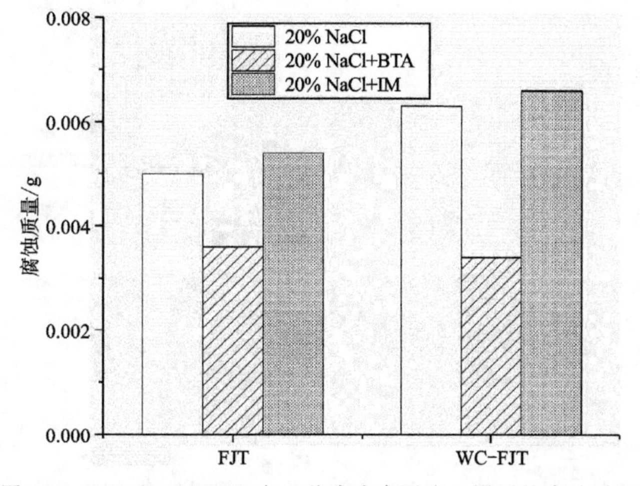

图 5-7 FJT 和 WC-FJT 在 3 种溶液中浸泡一周后的腐蚀质量

从图 5-7 可以看出,BTA 的加入对两种材料都明显减少了腐蚀损失量,降低了腐蚀速率,并且在两种材料中均表现出最低的腐蚀失重。FJT 和 WC-FJT 在含 IM 的腐蚀介质中浸泡一周后腐蚀质量和腐蚀速率较空白溶液均有所增长,这验证了之前的电化学测试结果,说明 IM 的水解引起的不均匀吸附反而促进了材料的腐蚀。此外,相比 FJT 在 20%NaCl 溶液中的腐蚀质量,WC-FJT 中 WC 的加入增加了黏结相的腐蚀量,这与 WC 颗粒与预合金黏结相之间形成的微电偶有关。

5.3.2 腐蚀形貌

图 5-8 为 FJT 在 3 种溶液中腐蚀前和腐蚀一周后的扫描电镜图像。从图 5-8a 可以看出,试样腐蚀前表面光滑,只有砂纸打磨的磨痕和烧结过后本身存在的一些小孔和裂隙。在 20% NaCl 中腐蚀一周后,试样表面的光滑区域再沿着磨痕方向被腐蚀,表现为鳞片状的腐蚀痕迹,且由于腐蚀作用,表面原有的小孔和裂隙的大小与深度都有所扩展。除去自身存在的微孔隙,表面出现了更多由腐蚀作用造成的小坑(图 5-8b)。这表明由于材料成分的多样性,表

面存在大量的活性点，这些活性点在富含 Cl^- 的腐蚀介质中优先腐蚀，从而形成腐蚀小孔。图从 5-8c 可以看出，BTA 的加入明显减少了溶液对材料表面的腐蚀作用，表面整体较为光滑，只存在一些加深的孔隙和一些腐蚀小坑，说明 BTA 在材料的吸附方面起到了良好的保护作用，减缓了腐蚀。而在含 IM 的腐蚀介质中，材料表面并没有表现出腐蚀减缓的现象，与在空白溶液中类似，表面大部分被腐蚀侵蚀，且存在大量腐蚀小坑，如图 5-8d 中所示。这表明，IM 在盐水溶液中对 FJT 表现出较差的缓蚀性能，在腐蚀性介质中没有起到防护作用。

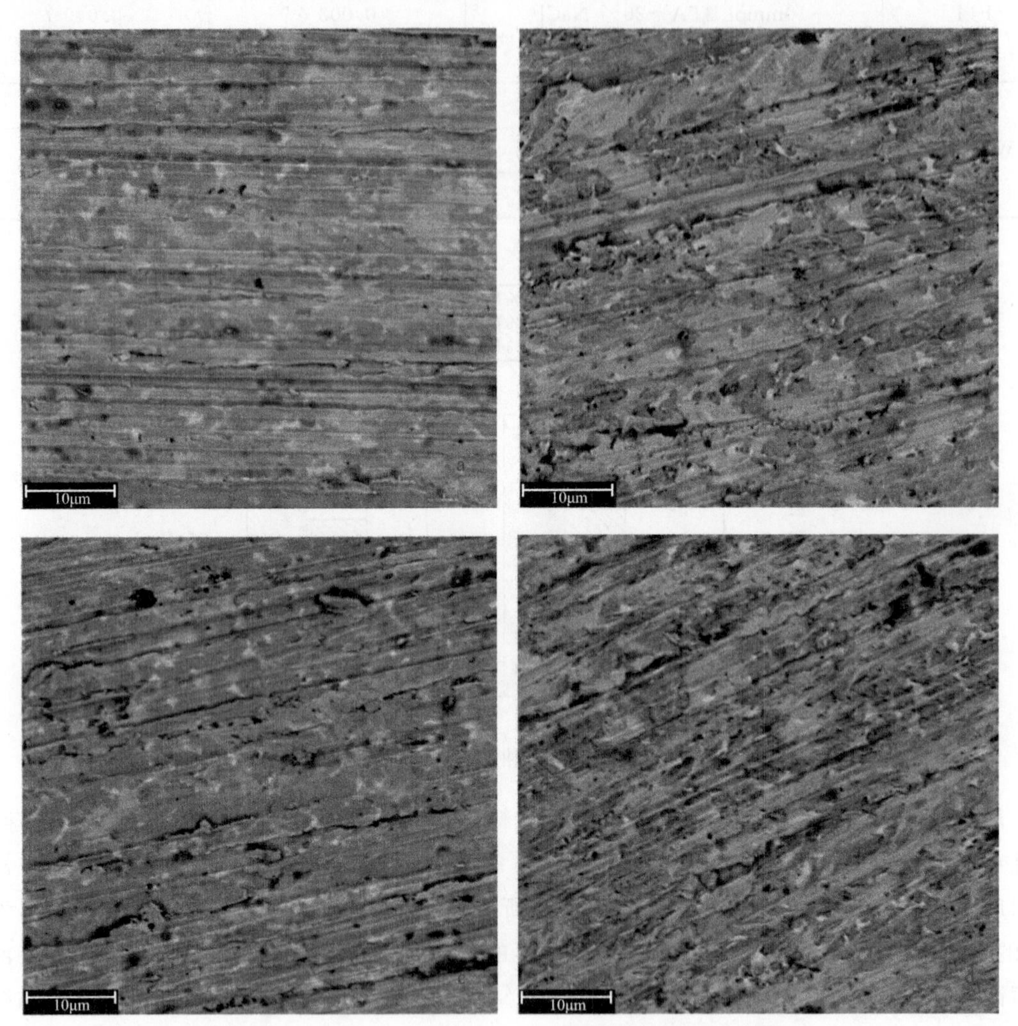

图 5-8　FJT 在不同腐蚀介质中腐蚀前后的 SEM 图像

a. 腐蚀前；b. 在 20％NaCl 中腐蚀后；c. 在含 BTA 的 20％NaCl 溶液中腐蚀后；
d. 在含 IM 的 20％NaCl 溶液中腐蚀后

从图 5-9 可以看出，WC-FJT 在含 IM 的腐蚀介质和空白腐蚀介质中表现出相似的腐蚀形貌，表现为黏结相的优先腐蚀，且呈现出不规则的腐蚀坑。这种不规则的腐蚀形貌可能与黏结相中的 Fe 较低的腐蚀电位有关，相比其他成分，Fe 与 WC 之间更大的电位差会导致其更容易遭受腐蚀。而胎体材料在含 BTA 的溶液中则没有发现明显的腐蚀痕迹，与未腐蚀的试样形貌相似，如图 5-9c 所示。这也表明 BTA 在盐水溶液中在 WC-FJT 试样表面吸附并形成了有效的防护膜，表现出比 IM 更加优异的缓蚀性能。

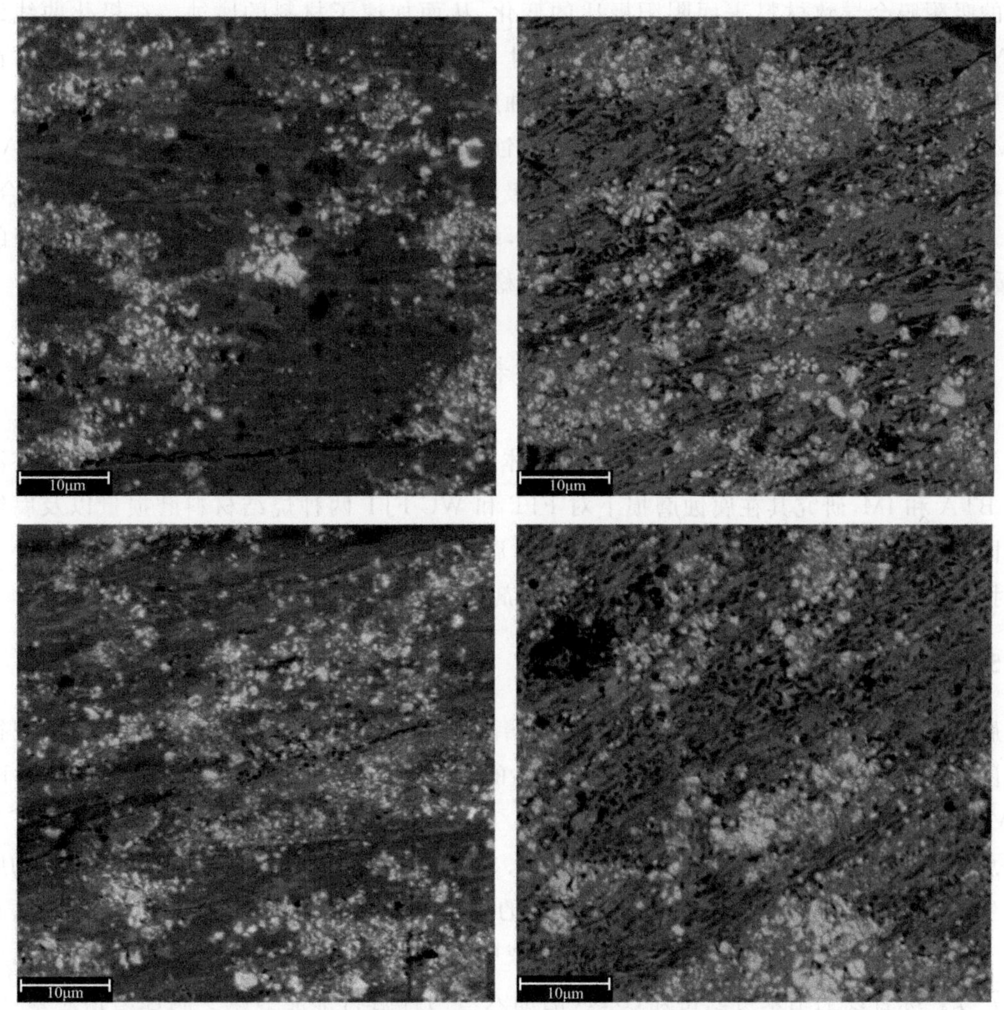

图 5-9　WC-FJT 在不同介质中腐蚀前后的 SEM 图像

a. 腐蚀前；b. 在 20%NaCl 中腐蚀后；c. 在含 BTA 的 20%NaCl 溶液中腐蚀后；
d. 在含 IM 的 20%NaCl 溶液中腐蚀后

BTA 和 IM 均为吸附型缓蚀剂，其缓蚀机理是通过静电吸附和化学吸附作用在材料表面形成保护性吸附膜，从而阻碍腐蚀性成分对材料的侵蚀。吸附型缓蚀剂不需要与溶液中的腐蚀分子反应或作用就能达到良好的缓蚀效果。一般吸附型缓蚀剂先通过静电作用或范德华力吸附在材料表面，然后进一步发生化学吸附。化学吸附则是通过缓蚀剂自身极性基团的中心原子如 N、O、S 上未共用的孤对电子与金属 Fe、Cu 等表面空的 d 轨道形成配位键，从而吸附于金属表面，达到较好的防腐效果。

根据以上结果可知，在 pH 为 10 的 20%NaCl 溶液中，BTA 表现出比 IM 更为优异的缓蚀性能，IM 甚至起到了促进腐蚀的效果。IM 在盐水溶液中对 WC-FJT 腐蚀起到的促进作用的异常表现与它在碱性条件下的水解有关。IM 在酸性条件下能够稳定存在，在碱性条件下则会由于碱的催化作用发生开环反应，水解为酰胺，而酰胺相比 IM 吸附性弱并且有着较差的缓蚀性能(孙飞等,2014)。酰胺与IM不同的吸附能力会在表面形成不均匀的吸附膜,这种不均匀的吸附膜会导致材料表面阴阳极比的变化,从而加速了材料的腐蚀。在极化曲线结果中,IM只对WC-FJT起到了腐蚀促进作用,对FJT有小程度的缓蚀效果。但从静态腐蚀质量结果可以看出,IM对两种材料都增加了腐蚀质量,这是由于在碱性条件下长时间的浸泡导致IM的水解程度加重,从而促进了材料的腐蚀。而BTA在碱性条件下一般是以BTA^-的形式存在(Finšgar and Milošev,2010),能够吸附在材料表面并形成具有防护作用的络合物,所以表现出较好的防腐效果。由此可以得知,缓蚀剂的缓蚀性能与溶液的pH有一定的联系,缓蚀剂的选择应考虑到它在实际条件下的稳定性。

5.4 BTA和IM对材料腐蚀磨损性能的影响

为了对盐水泥浆中的孕镶金刚石钻头胎体进行腐蚀磨损防护,本节通过在NaCl溶液中加入BTA和IM,研究其在腐蚀磨损下对FJT和WC-FJT两种烧结材料磨损量以及腐蚀磨损协同作用的影响。通过SEM和RS分别对腐蚀磨损表面形貌与腐蚀磨损产物进行了分析,讨论了胎体材料的腐蚀磨损机理以及缓蚀剂的作用机理。

5.4.1 腐蚀磨损质量与协同作用

腐蚀磨损质量的测量是利用改进的磨粒磨损试验机,按照表5-3中的试验参数进行测试。图5-10为FJT和WC-FJT在混有石英砂的20%NaCl溶液以及分别加入10mmol BTA和IM的浆液中所测得的20min的磨损质量。从图中可以看出,在盐水浆液中加入BTA使FJT总的磨损量明显下降,从0.400 8g减为0.305 1g;然而,IM的加入并没有对FJT的磨损量产生影响。对于WC-FJT试样,在含BTA的浆液中所测得的磨损量依然是最少的,磨损量约为未加缓蚀剂中的一半;在加入IM的浆液中,材料的总腐蚀磨损量从0.024 0g减少到0.017 6g。综合以上结果可以得知,BTA的加入对两种材料都能够减少腐蚀磨损总量,这说明BTA在盐水浆液中影响了材料的腐蚀磨损行为,提高了材料的腐蚀磨损性能。相对地,IM的加入没有明显效果,只对WC-FJT材料有轻微地减少磨损的作用,这种现象可能与IM在碱性条件下的水解有关系。

表5-3 腐蚀磨损试验参数

试验条件	参数
旋转速度/$(r\cdot min^{-1})$	220
试验时间/min	20
缓蚀剂浓度/mmol	10
溶液体积/L	1.5
混合石英砂质量/g	400

根据之前所测得的两种材料在静态下的耐腐蚀性能可知,WC在材料中会与黏结相形成

微电偶，从而提高了腐蚀速率。但是，对比 FJT 和 WC-FJT 在 3 种测试浆液中的磨损量可以发现，无论是否加入缓蚀剂，WC-FJT 在腐蚀磨损下的磨损量比 FJT 材料减少了一个数量级。这表明 WC 作为强化相加入材料中虽然加速了材料的腐蚀，但是另一方面提高了材料的耐磨性，且机械磨损性能在腐蚀磨损中占主导地位。

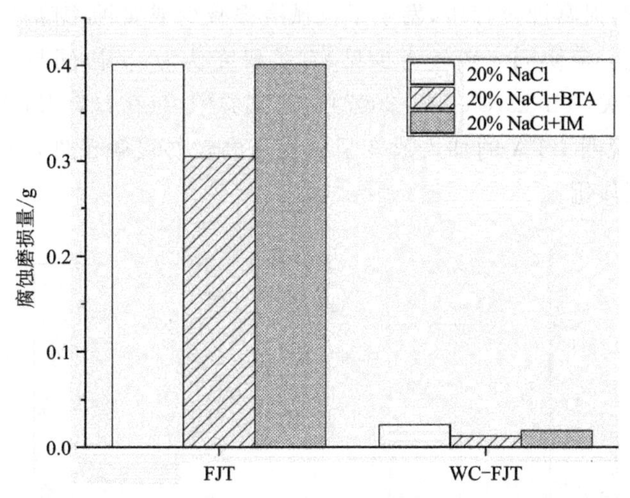

图 5-10　FJT 和 WC-FJT 在 3 种测试浆料中的腐蚀磨损总量

为了进一步了解腐蚀磨损行为，必须弄清楚电化学腐蚀与机械磨损在腐蚀磨损占的比重以及腐蚀与磨损的相互作用。将本章第三节中失重法测得的质量，通过计算获得纯腐蚀质量。利用改进的磨损试验机可以测试材料的纯机械磨损量，用三电极体系对工作电极施加 −1.0V（相对于标准饱和甘汞电极）的阴极保护电位，确保在磨损期间没有腐蚀的发生，并在相同试验条件下重复磨损试验，测出纯机械磨损量。结合之前所得的总腐蚀磨损量，由式(1-2)可以确定因腐蚀-磨损协同作用导致的质量损失，各部分占比如表 5-4 所示。

表 5-4　腐蚀磨损过程中不同组分质量损失

	测试溶液	腐蚀磨损总质量 W_t/g	纯机械磨损质量 W_a/g	纯腐蚀质量 W_c/g	协同作用 S/g	协同百分比/%
FJT	20% NaCl	0.400 8	0.310 1	2.53×10^{-5}	0.090 7	22.63
	10mmol BTA+20% NaCl	0.305 0	0.308 2	1.82×10^{-5}	−0.003 2	−1.04
	10mmol IM+20% NaCl	0.400 8	0.342 7	2.73×10^{-5}	0.058 1	14.49
WC-FJT	20% NaCl	0.024 0	0.016 7	3.18×10^{-5}	0.007 2	30.14
	10mmol BTA+20% NaCl	0.011 8	0.012 8	1.72×10^{-5}	−0.001 1	−9.08
	10mmol IM+20% NaCl	0.017 6	0.010 9	3.34×10^{-5}	0.006 7	37.88

从表 5-4 可以看出，对于 FJT 和 WC-FJT 在不同测试溶液中的腐蚀磨损质量，由于机械作用造成的磨损量远大于腐蚀引起的质量损失，由此可知，机械磨损作用在腐蚀磨损中充当着主要角色。但是，从表中可以看出 FJT 和 WC-FJT 在盐水浆液中的协同作用占比分别为 22.63%和 30.14%，在总的磨损质量中仍有着较大的占比。因此，由腐蚀和磨损协同作用所

产生的损失是不可忽视的。

图 5-11 显示了 FJT 和 WC-FJT 在 3 种测试浆料中的协同作用百分比。协同作用占总腐蚀磨损量的比例按式(1-4)计算。从图中可以看出，两种材料在盐水浆液和含 IM 的浆液中都表现出正的腐蚀磨损协同作用；在加入 BTA 的浆液中则表现为负的协同作用。负的磨损-腐蚀协同作用表明：在磨损腐蚀过程中，发生了机械磨损减少或腐蚀率降低，这在工程应用中是一种有利的材料性能。负协同一般较为少见，有关研究认为，负协同与磨损时磨粒与试样表面接触条件的改变有关(Thakare et al.,2007)。本试验中，只在含有 BTA 的盐水浆液中观察到了负协同作用，这说明 BTA 的加入改变了材料与磨粒的接触条件，减少了腐蚀磨损作用，从而产生了负的协同作用。

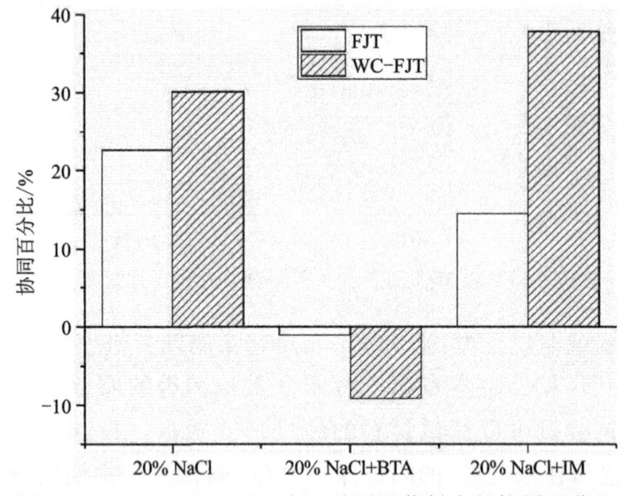

图 5-11 FJT 和 WC-FJT 在 3 种测试浆料中的协同百分比

为了进一步了解 BTA 产生的负协同作用，通过拉曼光谱对材料表面进行了检测。结果发现，WC-FJT 在含 BTA 的盐水浆液中磨损后的表面检测到了 BTA 的存在。如图 5-12a 和 b 分别为所得的拉曼光谱与对应测试点的光学图像。其中在 $1298cm^{-1}$、$1441cm^{-1}$、$1652cm^{-1}$ 和 $2881cm^{-1}$ 处的拉曼谱峰为 BTA 分子的特征峰(Khiati et al.,2011)。这表明，在磨损期间 BTA 可以吸附在试样表面，并且改变了试样与石英砂颗粒的接触条件，从而引起了负的协同作用。相对地，IM 并没有被检测出来，说明其在磨损中并没有形成有效的吸附膜，使 WC-FJT 材料的腐蚀-磨损协同作用增大。由于 FJT 材料有着较差的耐磨性，吸附的 BTA 可能随着材料被快速去除，所以在 FJT 试样表面也没有检测到 BTA 的存在，FJT 在 BTA 浆液中比 WC-FJT 更低的负协同也能说明这一点。

另外，负协同还与 BTA 的吸附机理有关系。一般来说，在中性和碱性溶液中，BTA 是以 BTA^- 的形式吸附在金属表面的。本试验中测试纯机械磨损是通过在试样表面施加一个 $-1V$ 的电位，使试样表面呈负电位，以此来阻碍 Cl^- 对材料的侵蚀。与此同时，负电位的施加也会阻碍 BTA^- 的吸附，从而影响 BTA 的作用效果(Zhao et al.,2018)。前面已经分析过，BTA 的吸附膜在减缓腐蚀的同时也会改变材料表面与磨粒的接触条件，所以负电位施加会影响 BTA 的吸附，这会导致在含 BTA 溶液中所测得的纯机械磨损 W_a 比实际值大。根据

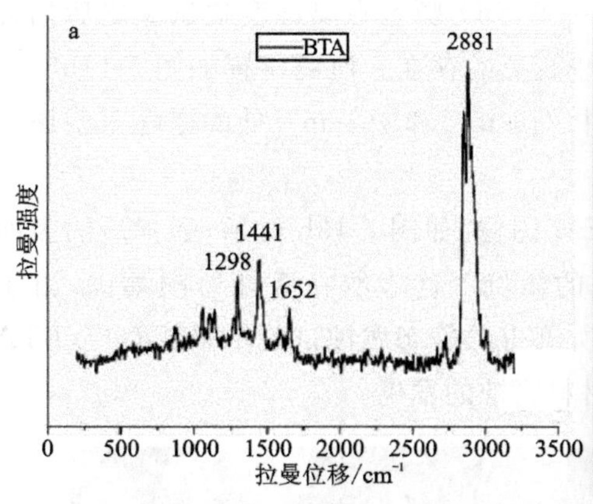

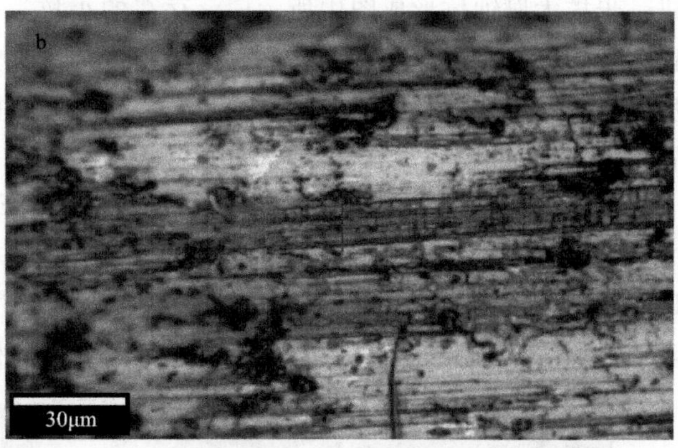

图 5-12　WC-FJT 在含 BTA 的盐水浆液中所测得 BTA 的拉曼光谱(a)和测点对应的光学图像(b)

式(1-2)可以得出,W_a的增大会导致 S 值进一步负向增大,从而增强了负协同作用。

也有研究人员通过测试材料在蒸馏水中的磨损量当作纯机械磨损。虽然在蒸馏水中材料也会发生一定的腐蚀,但是未施加阴极电位不会影响 BTA 的吸附作用。本书通过相同的试验条件测试了 WC-FJT 在含 BTA 蒸馏水浆液中的磨损量,并计算了以该值作为纯机械磨损量的腐蚀磨损协同损失量,具体结果见表 5-5。从表中可以看出,WC-FJT 利用蒸馏水浆液测量的 W_a低于通过阴极保护所测得的纯机械磨损量。与此同时,协同作用的值从负值变为正值。这也证明了 BTA 吸附所形成的保护膜可以在试验过程中起到减少磨损的作用。

表 5-5　不同测试方法所测得的 WC-FJT 在含 BTA 浆液中的纯机械磨损量 W_a

测试浆液	阴极保护	W_a/g	S/g	S 占比/%
NaCl 浆液+BTA	施加	0.012 8	−0.001 5	−12.73
蒸馏水浆液+BTA	未施加	0.010 6	0.001 1	9.74

5.4.2　腐蚀磨损形貌

本节通过观察 FJT 和 WC-FJT 在含和不含缓蚀剂的盐水浆液中腐蚀磨损后的 SEM 图像,进一步分析 BTA 和 IM 对两种材料腐蚀磨损后微观形貌的影响。

图 5-13 为 FJT 在 3 种浆液中腐蚀磨损后的 SEM 图像,所有的图像都选择在磨痕中心位置。FJT 在所有浆液中表现出相似的磨损形貌,表现为常见的磨粒磨损痕迹,表面多为由磨粒磨损引起的沟槽(Huttunen-Saarivirta et al.,2018)。腐蚀磨损后还对所有试样表面进行了拉曼测试,测得的拉曼光谱中并没有发现金属氧化物的存在。这表明,由于 FJT 较差的耐磨性,在磨损期间表面的腐蚀产物被迅速地去除。如图 5-13a 和 c 所示,从 FJT 在空白浆液和 IM 浆液磨损后的图像中可以观察到不规则分布的微坑。这些小坑可能是由点蚀和尖锐的磨粒压入共同作用形成的。FJT 有着复杂的成分,表面存在着大量容易发生腐蚀的活性位点,当在含有 NaCl 的溶液中磨损时,这些活性位置会优先发生腐蚀,从而造成材料表面的机械性能局部降低。然后,在磨损过程中,随着这些位置由于腐蚀而发生点蚀,小的石英颗粒会压入

进一步扩大腐蚀坑形成图中所示广泛存在的小坑。一些 SiO_2 颗粒在腐蚀磨损试验之后仍会留在所形成的小坑中，图 5-14 的拉曼光谱证实了这些石英的存在。所测位置如图 5-14b“＋”所标记位置，根据 RRUFF 项目中的数据，图 5-14a 中 210cm^{-1} 和 464cm^{-1} 处的谱峰表明该位置的物质为 SiO_2。

而根据 FJT 在含有 BTA 的浆液中磨损后的 SEM 图像，如图 5-13b 所示，磨损后的表面并没有发现 FJT 在其他两种浆液中磨损后所形成的微坑。这表明在腐蚀磨损期间，由于 BTA 的加入，抑制了材料表面点蚀的发生。与之前所测得的静态腐蚀试验结果相对应，BTA 对该热压烧结材料是一种有效的缓蚀剂，能够抑制材料腐蚀的发生。

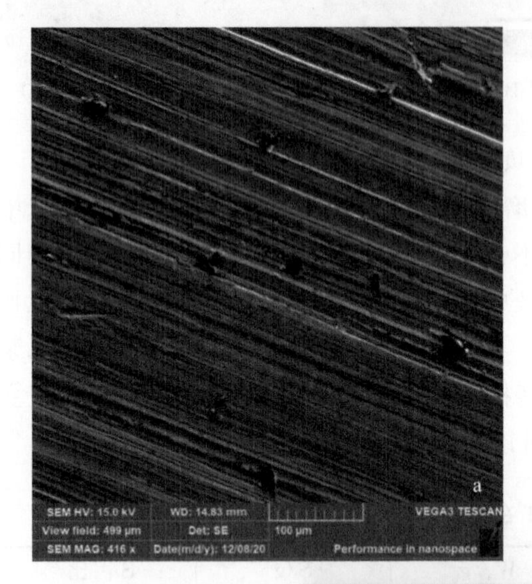

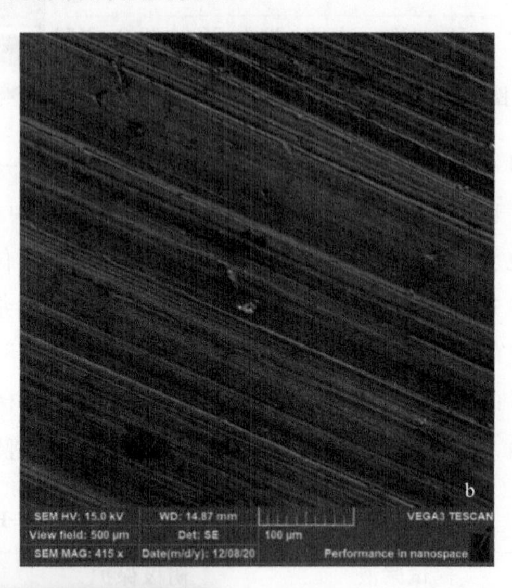

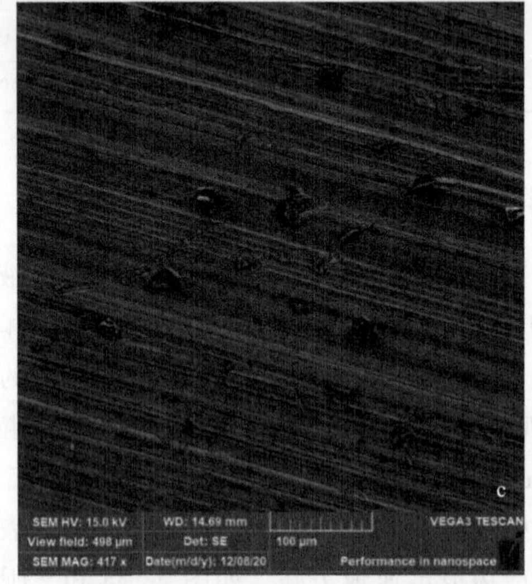

图 5-13　FJT 试样在不同浆液中磨损后的 SEM 图像

a. NaCl；b. NaCl＋BTA；c. NaCl＋IM

为了确认 WC-FJT 在腐蚀磨损后的 SEM 图像中各个区域的化学组分，利用能谱仪对磨损表面特定位置进行了扫描，其结果如图 5-15 所示。图 5-15 表明：SEM 图中明亮区域的主

图 5-14　FJT 在 NaCl 浆液中磨损后的 SiO_2 的拉曼光谱(a)和所对应点的光学图(b)

要化学元素成分为 C 和 W，即图中明亮区域所代表的物质为 WC 颗粒。围绕 WC 的暗色区域的主要元素成分为 Fe、Cu、Ni、Sn，与所加入作为黏结相的 FJT 的成分相同，也就是说与 SEM 图中暗色区域所对应的物质为 WC-FJT 中的黏结相成分。

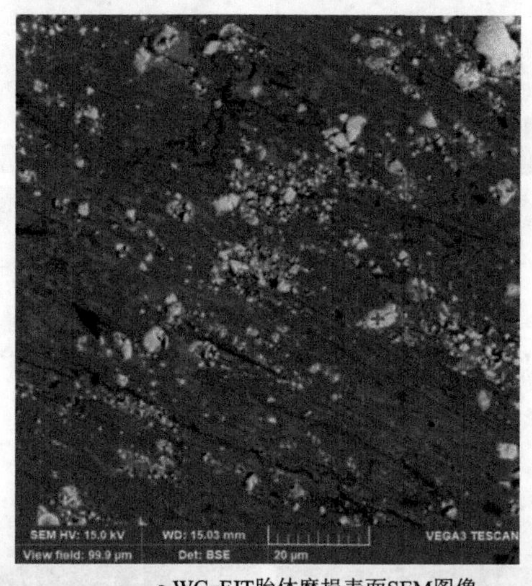

a.WC-FJT胎体磨损表面SEM图像

b.与a中*A*点对应的EDS结果

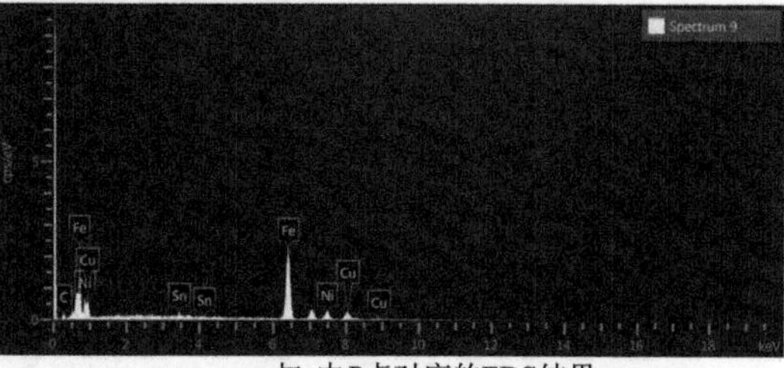

c.与a中*B*点对应的EDS结果

图 5-15　扫描结果

图 5-16 为 WC-FJT 在不同测试浆液中腐蚀磨损试验后的 SEM 图像。从图中可以看出，WC-FJT 材料的磨损是由 WC 颗粒周围的黏结相优先去除造成的，并且观察到磨痕中的 WC 颗粒普遍存在断裂和破碎。黏结相的优先去除会在 WC 硬质颗粒周围形成沟壑

(Thakare et al.,2009),并且在腐蚀和磨损的综合作用下,沟壑的间隙进一步扩大,导致碎裂的WC颗粒脱落,形成如图5-16圆圈所标注的侵蚀坑。这种侵蚀坑只在盐水浆液和IM浆液中被观察到(图5-16a和e)。失去了WC颗粒的保护,坑周边这些耐磨性较差的黏结相材料会在磨粒的作用下快速去除,从而增加了磨损量。对WC-FJT在加入BTA的NaCl浆液中进行测试后,WC颗粒周围的沟壑变得更窄,WC颗粒脱落的现象也明显减少,表现出减弱的腐蚀行为。在图4-7相应位置的放大图像中可以清楚地观察到以上现象。从以上结果可以得知,BTA吸附在WC-FJT试样表面,形成了具有保护作用的吸附膜,这层保护膜可以减轻WC颗粒周围黏结相的腐蚀程度,还能够减少对WC颗粒的破坏。这也会从腐蚀与磨损两个方面减少胎体材料的腐蚀磨损量。

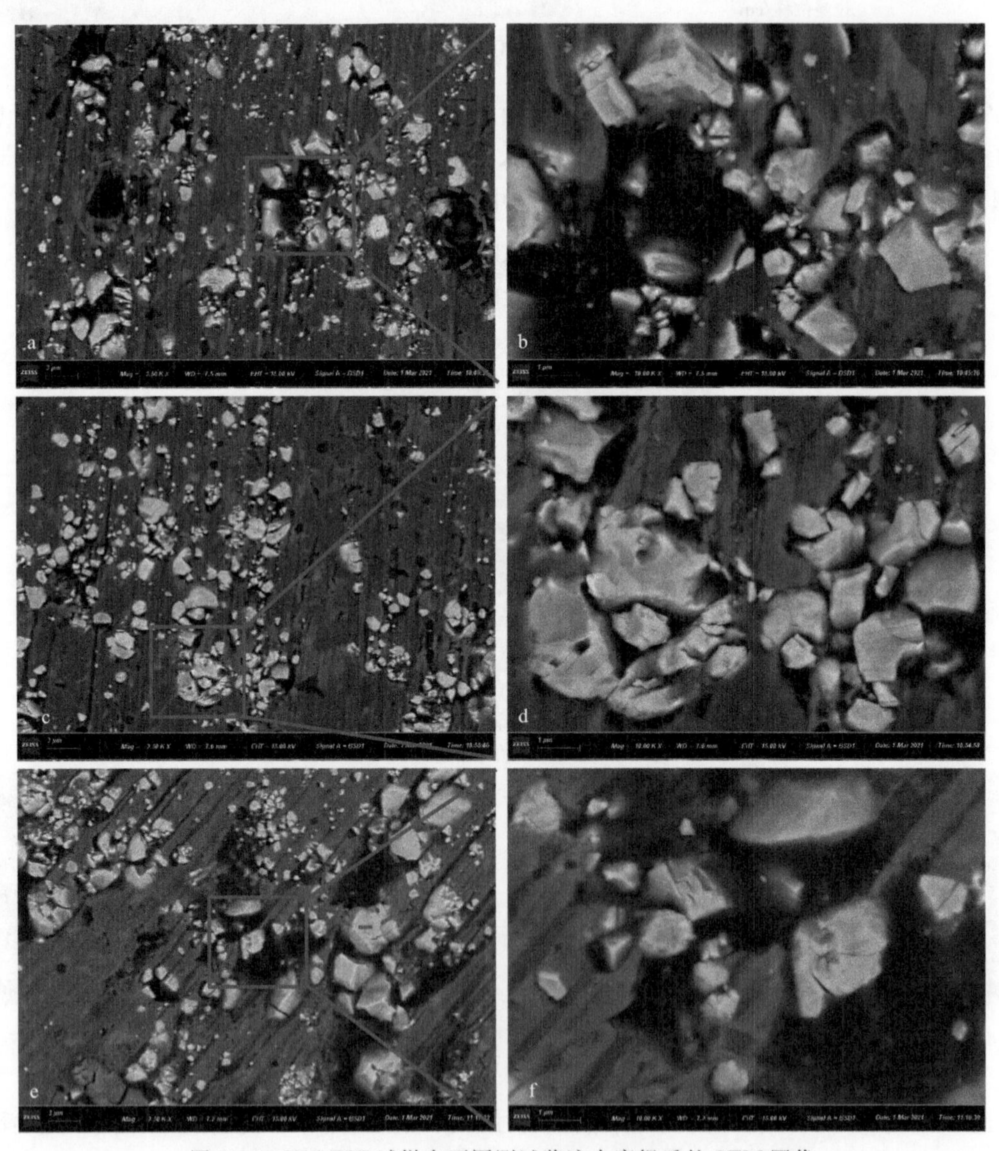

图5-16　WC-FJT试样在不同测试浆液中磨损后的SEM图像

a. 20%NaCl浆液;c. BTA浆液;e. IM浆液;b、d、f. 为相应方框内的放大图像

5.4.3　缓蚀剂对胎体材料腐蚀磨损的作用机理

胎体材料在盐水泥浆中磨损时，同时受到机械磨损和电化学腐蚀的共同作用。图 5-17 即为磨损过程中胎体试样与磨粒之间的相互作用示意图以及缓蚀剂的作用机理。

从前文的分析可以得到以下总结，对于 WC 基钻头胎体材料，WC 能够明显提高材料的耐磨性。但与此同时，材料中 WC 会与黏结相形成微电偶，加快了电荷转移速度，促进了 WC 周围黏结相的腐蚀溶解。这会导致黏结相与 WC 颗粒的结合强度降低，从而在腐蚀和磨损的共同作用下，使得 WC 更容易发生断裂和脱落。作为胎体材料中的骨架成分，WC 颗粒的脱落会导致黏结相失去保护，在磨损的作用下快速被去除。在腐蚀与磨损的共同作用下，胎体材料的磨损量会明显上升，所以在盐水浆液中表现出较高的协同作用。

本书中通过在腐蚀介质中加入 BTA，可以在胎体表面形成一层具有保护作用的吸附膜，并且这层保护膜在磨损条件下能够有效地吸附于试样表面。一方面，这层保护膜可以抑制 WC 和黏结相之间的电耦合，这会减小 WC 颗粒周围黏结相的去除速率，从而减轻了 WC 颗粒的去除和破碎，进一步减少了材料的磨损量；另一方面，BTA 吸附膜还能够改变磨粒与材料的接触条件，能够从机械磨损方面减少胎体材料的质量损失。BTA 的加入在腐蚀和磨损两方面起到了作用，使胎体材料的腐蚀磨损性能明显提高。

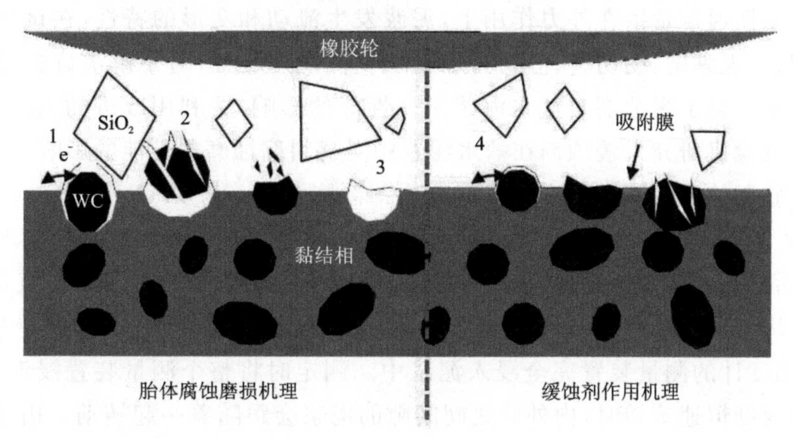

1. WC 与黏结相所形成的微电偶；2. 碎裂并脱落的 WC 颗粒；3. WC 脱落坑；4. 缓蚀剂吸附膜对电流耦合的抑制。

图 5-17　WC-FJT 胎体腐蚀磨损机理及缓蚀剂作用机理示意图

IM 由于在碱性条件下会发生水解，所形成的吸附膜并不完整。这种不完整的吸附膜不仅不会起到抑制电流耦合的作用，不存在吸附膜的地方反而更容易发生腐蚀，这会进一步影响材料的腐蚀磨损量。所以，缓蚀剂在实际工况下的稳定性也是需要进行进一步研究的。

5.5　BTA 的泥浆配伍性试验

在钻进过程中，钻井液充当着重要的角色，是保证钻进安全高效进行的必要技术手段。前文已经研究 BTA、IM 在盐水溶液中对胎体材料腐蚀行为和腐蚀磨损性能的影响，结果表明:BTA 能够有效地吸附在材料表面,同时起到减少磨损和防止腐蚀的作用,能够明显提高材料的腐蚀磨损性能。但是所使用的腐蚀介质与盐水泥浆仍有着差异,盐水泥浆的成分更为复杂,对于所钻进的地层,会加入不同的添加剂来改变泥浆的性能,BTA 在盐水泥浆中对胎体材料磨损性能的影响还有待研究。首先,为了保证泥浆原有的性能,BTA 的加入不能够改变泥浆原来的性能,其中最为重要的是流变性能;其次,BTA 在盐水泥浆中也需要保持稳定性,能够提高胎体的腐蚀磨损性能。因此,本节进行了 BTA 与泥浆的配伍性试验。

5.5.1 缓蚀剂与盐水泥浆配伍性试验

钻井液作为钻进过程中不可或缺的工作流体,在钻探工程和钻井作业中充当着重要的角色,是保障钻进正常进行的主要技术。钻井液通过地面泥浆泵泵入井底并从水口出,在循环的过程中可以将孔底钻头破碎的钻渣排出、保持孔底清洁,使钻头不断地破碎孔底新裸露的岩石从而保证钻进进尺。钻井液在循环的过程中还能够起到冷却钻头、润滑钻具的效果,从而保证钻进安全有序地进行。对于一些易发生坍塌的不稳定地层,还可以通过调节钻井液配方来达到稳定井壁的效果。泥浆作为钻井液中应用最为广泛的钻井介质,是钻探工程中的关键技术。因此,为了使缓蚀剂能够在实际钻进中得到应用,与盐水泥浆的配伍性试验是必需的。

泥浆的流变性通常是指在外力作用下,泥浆发生流动和变形的特性,在试验中一般用泥浆的塑性黏度、表观黏度、动切力、静切力以及流变曲线来表征,对于解决许多钻井问题十分重要。本节主要研究了缓蚀剂对盐水泥浆流变性能的影响,并利用改进的 LS-225 型湿式橡胶轮磨粒磨损试验机研究了缓蚀剂在盐水泥浆中对材料腐蚀磨损性能的影响。

配伍性试验所使用的基础盐水泥浆配方为:4%膨润土+0.5% Na_2CO_3+0.5%SMP(磺化酚醛树脂)+0.5%高黏 CMC+22.5%NaCl+0.3%NaOH,所加缓蚀剂的浓度为 10mmol,泥浆搅拌 4h 后放置水化 12h,并分别测定缓蚀剂加入前后对盐水泥浆的 pH 值和流变性能的影响。本书使用 ZNN-D6 Ⅱ型电动六速黏度计,将配置好的泥浆倒入容器中使液面至指定刻度线,然后将黏度计的测量装置完全浸入泥浆中。测定时将整个测量装置浸没在泥浆中,当外筒以一定的速度恒速旋转时,内外筒之间间隙的泥浆会跟随着一起转动。由于泥浆具有一定的黏滞能力,会使与扭簧连接的内筒转动一个角度,这个角度就反映了泥浆的黏度,可以从上面的表盘里面读出。按照 600r/min、300r/min、200r/min、100r/min、6r/min、3r/min 的顺序依次测试,待刻度盘稳定后读取数据。

5.5.2 BTA 对泥浆流变性能的影响

使用 ZNN-D6Ⅱ型电动六速黏度计分别测定缓蚀剂加入前后对盐水泥浆的流变性能的影响,另外还测定了加入 BTA 前后泥浆的 pH 值,所得的结果如表 5-6 所示。从表中可以看出,BTA 加入前后,盐水泥浆的 pH 值略微下降,表观黏度、塑性黏度和动切力几乎没有变化。整体来说,BTA 的加入对盐水泥浆的流变性影响甚微。此外根据所测得的剪切应力绘制了 BTA 加入前后盐水泥浆的流变曲线(图 5-18),从图中可以看出两个曲线相似。所以可以得出结论:BTA 的加入对泥浆的流变性能没有影响,可以在盐水泥浆中使用。

表 5-6 BTA 加入盐水泥浆前后的 pH 值及流变性能参数

测试溶液	pH 值	表观黏度 η_a/(mPa·s)	塑性黏度 η_p/(mPa·s)	动切力 τ_0/Pa
盐水泥浆	12.54	11.75	11.50	0.26
盐水泥浆+BTA	12.44	10.75	10.50	0.26

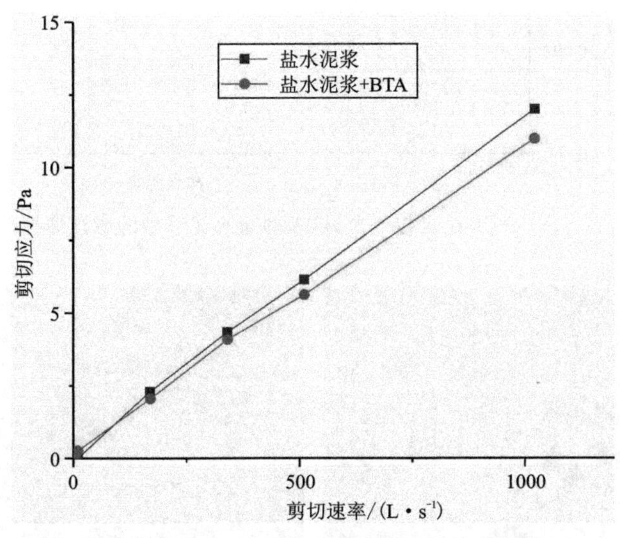

图 5-18 BTA 加入盐水泥浆前后的流变曲线

5.5.3 BTA 在盐水泥浆中对 WC-FJT 腐蚀磨损性能的影响

从以上结果可知，BTA 的加入对泥浆的性能没有明显影响，但是 BTA 在盐水泥浆中对材料的防护作用效果是否受影响仍需要进一步研究。因此，本节通过在盐水泥浆中加入混合石英砂，使用改进的 LS-225 型湿式橡胶轮磨粒磨损试验机测试了 BTA 加入后对 WC-FJT 材料磨损量的影响，试验参数与表 5-3 中一致，所得结果如图 5-19 所示。从图中可以看出，在盐水泥浆中加入 BTA 后，材料的磨损量减少至原来的 1/4，明显提高了材料的腐蚀磨损性能。由此可见，在盐水泥浆加入 BTA 不会改变泥浆的基础性能，但是能够减少胎体材料的腐蚀磨损质量流失。

图 5-20 为胎体材料 WC-FJT 在加入和未加入 BTA 的盐水泥浆中腐蚀磨损后的形貌。从图 5-20a 的 WC-FJT 在盐水泥浆中腐蚀磨损后的形貌可以看出，WC 颗粒周围黏结相优先去除并形成沟壑，且 WC 颗粒受到严重的磨损，发生破碎。这与在盐水中腐蚀磨损后的形貌相似。这表明，WC 颗粒与黏结相会形成微电偶，从而促进了周围黏结相的腐蚀和去除速率。在图 5-20b 中可以看出，BTA 的加入明显减少了 WC 颗粒周围黏结相的流失。这表明，BTA 在盐水泥浆中能够吸附在材料表面，形成有效的保护膜，抑制了微电偶之间的电荷转移，从而减少了黏结相的腐蚀。

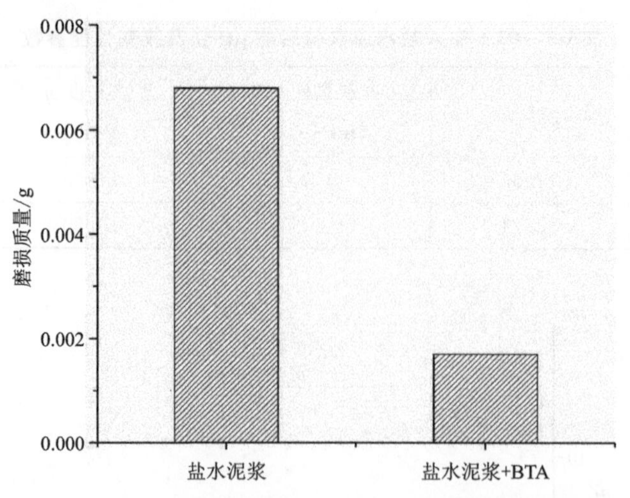

图 5-19　WC-FJT 在含与不含 BTA 的盐水泥浆中的腐蚀磨损总量

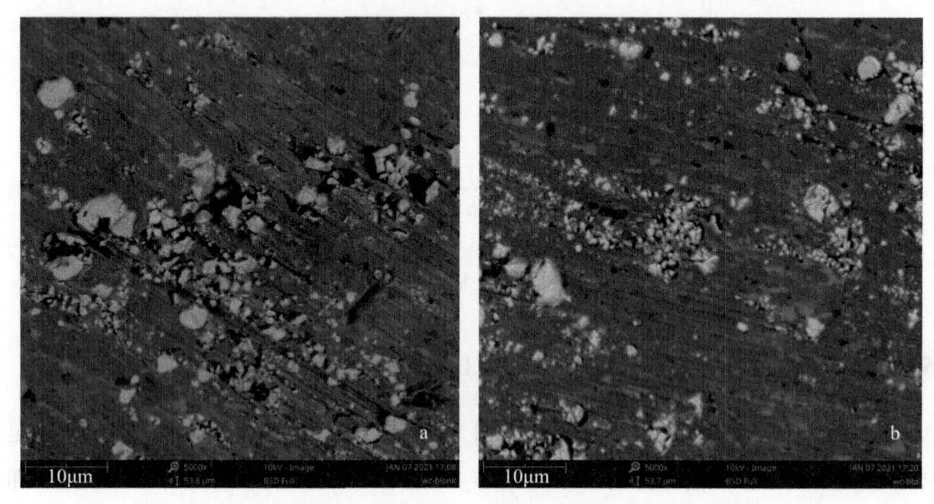

图 5-20　WC-FJT 在不同盐水泥浆中的腐蚀磨损形貌图

a. 未加缓蚀剂的盐水泥浆；b. 加入 BTA 的盐水泥浆

由以上可以看出，BTA 的加入不会干扰盐水泥浆的 pH 值和流变性能，但在盐水泥浆中依然能够明显地减少胎体材料 WC-FJT 的腐蚀磨损质量流失，并减缓 WC 颗粒与黏结金属界面的腐蚀速率，表现出良好的缓蚀效果。

6　总结与展望

6.1　总　结

为了应对在冻土、海洋等复杂地层中钻进所遇到的技术问题，盐水泥浆得到了广泛的应用。在盐水泥浆中钻进时，钻头同时遭受机械磨损作用、腐蚀作用及腐蚀-磨损的协同作用，钻头的磨损机理已由机械磨损转为腐蚀磨损，导致钻头的磨损量显著增加，钻头寿命下降。为了减少孕镶金刚石钻头胎体材料在盐水泥浆中钻进时的质量流失，并为热压金刚石钻头的设计和盐水泥浆的配方设计提供理论依据，本书采用静态腐蚀、电化学测试方法、腐蚀磨损试验、腐蚀磨损形貌观察、腐蚀磨损产物的拉曼光谱分析等手段研究了冲洗液盐度、胎体成分及其含量、缓蚀剂等因素对胎体材料的腐蚀磨损特性的影响，并分析了这些因素的影响机理。本书主要研究结论如下：

(1)随着盐水泥浆中 NaCl 含量的增加，胎体的质量流失也随之增加。当盐水泥浆中 NaCl 含量由零增至饱和时，胎体的腐蚀磨损质量由 1.58mg 提高到 3.1mg。虽然机械磨损作用是导致胎体质量流失的主要原因，但因腐蚀及腐蚀与磨损间的协同作用而导致的质量损失也不容忽视。随着胎体耐腐蚀性的减弱，协同作用更加显著。对胎体施加－1.0V 的阴极保护电位可以明显抑制磨损过程中的电化学作用，减小胎体的磨损质量损失。在腐蚀磨损过程中，胎体表面的钝化过程和去钝化过程同时存在，共同作用影响胎体表面的电化学特性。此外，NaCl 可以促进胎体的磨损，使胎体表面形貌的不规则性增加，导致胎体腐蚀磨损表面的分形维数会随着盐水泥浆的盐度提高而增加。

(2)电化学测试和静态腐蚀结果表明，随着 WC 和 Fe 含量的增加，胎体材料在 pH 值为 10、NaCl 含量为 20%的盐水环境中的耐腐蚀性逐渐减弱，而 663Cu 则恰恰相反。腐蚀磨损产物主要为氧化物和羟基氯化物。WC 基热压孕镶金刚石钻头胎体在含砂盐水溶液中的腐蚀磨损机理可概况为：腐蚀磨损过程中，由于不同胎体组分之间存在电位差，在盐水介质中形成了较活泼的 Fe 等作阳极、WC 作阴极的微电偶，使得黏结剂材料被优先去除，WC 颗粒失去支撑后更易在机械作用下被去除。同时，在石英砂颗粒的机械破坏作用下，胎体表面形成的氧化物薄膜被迅速破坏，无法形成有效的防护，但整个过程新鲜表面的暴露和钝化会达到平衡，在腐蚀磨损停止后试样表面会迅速发生钝化。整个腐蚀磨损试验中，胎体试样表面的电流会随着腐蚀磨损的发生和结束发生两次阶跃，这主要与胎体试样表面的钝化和去钝化的共同作用有关。

(3)利用配方均匀试验设计方法，以 WC 基热压孕镶金刚石钻头胎体中 Cr、663Cu、Fe 三种组分的含量变量，以胎体试样在指定试验条件下，含砂盐水环境中30min的腐蚀磨损质量损失为评价指标，对试验数据进行了回归分析，获得了在含砂盐水溶液中WC基热压孕镶金刚石钻头胎体中Cr、663Cu、Fe三种组分的含量与胎体试样腐蚀磨损质量损失之间的回归方程，即：$Y=-29.131+102.579x_1+127.495x_2-202.587x_1x_2-94.317x_1^2-155.435x_2^2$。同时在指定约束条件下，通过规划求解，得到试验条件下腐蚀磨损性能最优的WC基热压孕镶金刚石钻头胎体配方，即：Cr5%+Fe25%+ 663Cu25%+Co12%+Mn3%+WC30%。

(4)通过使用TiC、B_4C、Cr_3C_2颗粒分别代替WC颗粒作为增强相，热压烧结试样在含量为20%的NaCl溶液(pH值为10)中的腐蚀电流密度均有所降低。在拉曼光谱测试中，腐蚀后的TiC-Fjt、Cr_3C_2-Fjt烧结试样表面分别检测到TiO_2和Cr_2O_3的生成。稳定的氧化物保护膜附着在碳化物颗粒表面，部分抑制了烧结试样中电偶腐蚀的阴极反应，同时降低了TiC、Cr_3C_2碳化物颗粒的腐蚀溶解速率，从而降低烧结材料的腐蚀电流密度，提升材料的耐腐蚀性。而WC、B_4C颗粒除了与黏结金属形成微电偶发生腐蚀之外，碳化物本身的特殊性质导致了烧结材料在电解质溶液中腐蚀电流密度相对较高、耐腐蚀性较差。其中，B_4C-Fjt烧结试样的耐腐蚀性最差。在腐蚀磨损试验中，TiC、Cr_3C_2、B_4C分别取代WC颗粒用于增强金属基复合材料之后，材料的腐蚀磨损协同作用都表现出减弱的现象。这可能是因为腐蚀和磨损相互促进的两个进程受到限制。其中，腐蚀电流密度的减小削弱了腐蚀对磨损的促进作用，从而使腐蚀磨损协同作用对质量损失的贡献减小。因此，提高材料的耐腐蚀性是降低腐蚀磨损协同作用的可靠思路之一。

(5)TiC颗粒和WC颗粒作为增强相的金属基复合材料表现出极为相近的腐蚀磨损性能和耐磨性。与WC颗粒相比，Cr_3C_2、B_4C分别作为增强相的金属基复合材料在腐蚀磨损试验和纯机械磨损试验中均表现出较高的磨损速率，耐磨性较差。一方面是因为碳化物颗粒本身较低的断裂韧性；另一方面，Cr_3C_2、B_4C颗粒增强的两种烧结材料的硬度虽然达到了与WC颗粒增强烧结材料相同的水平，但是可能在一定程度上降低了烧结材料本身的断裂韧性，从而降低材料的耐磨性。TiC具备替代WC作为热压孕镶金刚石钻头胎体材料增强相的潜力，可以用于改善钻头在高浓度盐水泥浆中钻井作业时的腐蚀磨损性能。因为与WC颗粒相比，TiC颗粒增强的金属基复合材料表现出更好的耐腐蚀性，腐蚀磨损性能也与之接近。

(6)研究了BTA和IM在静态腐蚀下对两种材料的缓蚀性能。BTA对两种材料都表现出较好的缓蚀效果，降低了腐蚀电流密度，并明显减少了材料的腐蚀质量。IM则表现出较差的缓蚀性能，虽然对FJT的腐蚀电流密度有降低的作用，但是增加了WC基胎体材料的腐蚀电流密度，并且略微增加了两种材料的腐蚀质量。这可能是由于IM在碱性条件的水解作用会影响其吸附能力，从而形成不均匀的吸附膜并促进了腐蚀。阐述了钻头胎体材料WC-FJT以及胎体的黏结相材料FJT在盐水浆液中的腐蚀磨损机理。对于FJT，由于其较差的耐磨性，表面在磨粒的作用下形成沟槽，并且在腐蚀介质中会发生点蚀，在磨粒的作用下形成不规则分布的微小的机械破碎坑。与黏结相材料FJT相比，WC-FJT中所添加的骨架材料WC明显加速了其周围黏结相的腐蚀。相反，WC的加入提高了材料的耐磨性，大大降低了材料的去除率。但是，腐蚀与磨损协同作用造成的质量损失仍占比较大的比重，是不能够忽视的。

(7)在NaCl溶液中加入BTA后，FJT和WC-FJT的总腐蚀磨损量均减小，并且发现两种复合材料在含 BTA 的浆料中均产生了负协同作用。经分析认为，这是由于吸附的 BTA 分子形成了一层保护膜，改变了样品表面与石英砂的接触条件。此外，磨损表面的 SEM 图像显示，BTA 在盐水浆液中的加入不仅显著降低了 FJT 的点蚀行为，还减小了 WC-FJT 碳化物周围黏结相的去除速率。在盐水中加入 IM 的情况下，两种复合材料的腐蚀磨损量均无明显变化。造成这一现象的主要原因是，IM 在碱性条件下水解会降低其吸附能力，进而影响其防腐蚀能力。BTA 在盐水泥浆中不会对泥浆的 pH 值和流变性能产生影响，并且在盐水泥浆中依然能够明显地减少 WC-FJT 的磨损量，表现出良好的作用效果。

6.2 展 望

为揭示热压金刚钻头胎体材料在盐水泥浆中的腐蚀磨损机理，本书笔者开展了一系列试验与分析，对金刚石钻头胎体材料的腐蚀磨损机理进行了较深入的研究。通过这些研究工作，取得了一些有价值的成果，但仍存在不少问题需要进一步优化改进。

(1)本书笔者所使用的盐水泥浆主要由氯化钠、石英砂配制而成。在胎体材料腐蚀磨损特性的研究中，考虑的相关变量主要是盐度、石英砂含量、缓蚀剂种类等。但是，实际使用的钻井液往往含有更多、更复杂的成分，可能对钻头胎体的腐蚀磨损机理产生重要影响。在实际钻井工程中，钻井液中的碳酸盐、硅酸盐、甲酸盐等添加剂，以及来自地层的氧气、硫化氢、二氧化碳等有害成分，都对金属材料具有腐蚀性，它们在钻头胎体材料腐蚀磨损中作用有待于深入研究。

(2)本书笔者选用的孕镶金刚石钻头胎体配方较为基础，其组分种类相对实际应用中的金刚石钻头胎体可能偏于简单，这意味着在实际应用中的钻头胎体的腐蚀磨损机理要更加复杂，而且本书仅对胎体配方中的某几种组分含量对 WC 基热压孕镶金刚钻头胎体腐蚀磨损的影响进行了研究，配方优化过程中只考虑了胎体的腐蚀磨损性能，并未综合考虑胎体的硬度、抗弯强度、冲击韧性等机械性能指标及其对钻头钻进性能的影响。在后续的研究中，应将热压孕镶金刚钻头胎体的机械性能和腐蚀磨损性能综合考虑对胎体配方进行优化，得到腐蚀性介质下性能优良的 WC 基热压孕镶金刚钻头胎体。

(3)本书笔者在进行腐蚀磨损试验时选用的试验参数与实际工况有较大差距。比如，磨损试验中，胎体所受的压强明显低于钻头工作时胎体承受的压强，线速度也偏低。此外，作为热压孕镶金刚石钻头的胎体材料，需考虑金刚石颗粒在胎体材料中的浓度和分布对胎体腐蚀磨损性能的影响，以进一步研究胎体材料对钻进效率和使用寿命的影响，更好地反映钻头的实际使用效果。因此，在后续的研究中，应保证试验环境尽可能接近钻头胎体的实际工况，对实际工况下钻头胎体的腐蚀磨损行为进行研究，进一步探索钻压、转速、钻井液以及固相含量对钻头胎体腐蚀磨损行为的影响。

(4)本研究中，TiC 和 WC 颗粒增强金属基复合材料表现出极为接近的腐蚀磨损性能。但两者相比，TiC 作为增强相的烧结材料的腐蚀磨损总质量损失中，纯机械磨损的贡献率略高，其耐磨性依然具备进一步提升的空间。主要原因可能在于 TiC 颗粒热膨胀系数较高，与黏结金属的热膨胀系数可能存在较大差距；且 TiC 颗粒与金属 Ni 之间润湿性较差，因而导致烧结材料在冷却期间由于应力集中出现微裂纹，致使材料耐磨性降低。因此，寻找热膨胀系数、润湿性等性能与 TiC 颗粒较为匹配的黏结金属是进一步改善 TiC 颗粒增强金属基复合材料腐蚀磨损性能表现的有效方法之一。而且，本研究中使用的硬质颗粒体积分数固定为15%，没有考虑不同的碳化物颗粒含量对烧结材料的腐蚀磨损性能的可能影响。因此，可以从硬质颗粒体积分数的角度出发，研究不同体积分数对 TiC 颗粒增强金属基复合材料的腐蚀磨损性能的影响，以寻求最佳胎体配方。

(5)在缓蚀剂对胎体材料腐蚀磨损性能的影响研究中，本书只选用了一种胎体配方，且较为基础。实际钻井中，根据不同地层，钻头胎体配方更为多样，成分更加复杂。这意味着材料的腐蚀磨损行为也会发生变化，所以缓蚀剂的作用效果也不得而知。因此，为了更加深入研究缓蚀剂对钻头胎体材料的防护效果，需要研究缓蚀剂对多种配方的钻头胎体的作用效果。此外，由于试验条件的限制，配方中未加入金刚石。在目前研究工作的基础上，有必要考虑增加胎体配方种类、改变胎体成分并引入金刚石，进一步研究缓蚀剂对不同配方钻头胎体材料的腐蚀磨损行为的影响。

主要参考文献

邓义成,荣沙沙,郑金山,2013.季胺盐类缓蚀剂 YGC-03 在饱和盐水及盐膏层钻井液中缓蚀性能评价[J].石油天然气学报(35):105-107.

贺平,林共进,刘民千,等,2020.均匀设计理论与应用[J].中国科学:数学(50):561-570.

胡道平,何宝山,孔德会,2006.Cr 含量对 WC 基硬质合金耐腐蚀性能的影响[J].腐蚀与防护(8):382-386,421.

黄琳,2005.盐水钻井液用钻具的环保型缓蚀剂的研究[D].南京:南京工业大学.

贾佐诚,1999.以镍代钴碳化钨基硬质合金的发展[J].粉末冶金工业(4):23-27.

江新洪,段隆臣,刘志义,2007.泥浆对钻头 WC 基胎体材料冲蚀磨损的试验研究[J].煤田地质与勘探(35):77-80.

姜晓霞,李诗卓,李曙,2003.金属的腐蚀磨损[M].北京:化学工业出版社.

姜晓霞,孙秋霞,李诗錍,等,1991.腐蚀磨损中添加剂的作用机理初探[J].中国腐蚀与防护学报(3):285-291.

姜媛媛,易丹青,李荐,等,2008.WC-9Ni-0.57Cr 硬质合金在模拟海水中的腐蚀特性[J].材料科学与工程学报(5):750-753.

金鹏,孔德方,魏修宇,等,2018.WC 基硬质合金在碱性溶液中腐蚀行为的研究[J].硬质合金(35):403-410.

康万利,王凤平,2008.腐蚀电化学原理方法及应用[M].北京:化学工业出版社.

李诗锌,孙秋霞,姜晓霞,1990.添加剂对碳钢腐蚀磨损的影响[J].中国腐蚀与防护学报(3):245-251.

林春芳,杜玉国,孙丹,等,2010.Ni、Cr 对碳化钨基硬质合金耐腐蚀性能的影响[J].腐蚀与防护(31):678-681,728.

林春芳,杜玉国,孙丹,等,2010.WC-(7-9)Ni-(1-2)Cr 硬质合金耐蚀性能的研究[J].硬质合金(27):224-229.

马丽丽,2010.WC-Co 硬质合金在水中的腐蚀行为[J].粉末冶金材料科学与工程(15):635-639.

宁建辉,2008.混料均匀试验设计[D].武汉:华中师范大学.

宋学锋,周永璋,2005.钻具在磺化钻井液中发生腐蚀的影响因素研究[J].钻井液与完井液(22):30-33.

孙飞，傅晓萍，李本高，2014. 咪唑啉缓蚀剂的研究与应用[J]. 石油炼制与化工(45)：96-102.

王吉会，姜晓霞，李诗卓，1997. 铜合金在3.5%NaCl+S^{2-}溶液中的腐蚀磨损行为[J]. 中国腐蚀与防护学报(2)：3-8.

王姝婧，刘宝昌，李闯，等，2020. 含缓蚀剂钻井液对铝合金钻杆材料的腐蚀影响[J]. 探矿工程(岩土钻掘工程)(47)：42-48.

王兴庆，李晓东，郭海亮，等，2006. Al含量对WC-Co硬质合金耐腐蚀性能的影响[J]. 粉末冶金材料科学与工程(4)：219-224.

徐强，刘一波，徐良，等，2016. 利用配方均匀设计优化金刚石钻头的胎体配方[J]. 金刚石与磨料磨具工程(36)：49-53.

杨唐，刘炳，文锋，等，2013. Al_2O_3颗粒增强共晶铝锰基复合材料的腐蚀磨损性能[J]. 材料工程(3)：83-89.

姚远基，潘秉锁，刘志江，2020. 咪唑啉和卟啉对NaCl溶液中的热压孕镶金刚石钻头胎体材料的缓蚀作用[J]. 金刚石与磨料磨具工程(40)：58-63.

张大伟，张新平，2005. 激光熔覆Ni基合金/碳化物涂层组织及冲刷腐蚀磨损性能[J]. 农业机械学报(36)：126-130.

张姣姣，龚厚平，陈李，等，2017. 氯化钾钻井液缓蚀剂的研究[J]. 钻井液与完井液(34)：54-58.

张巨川，段隆臣，谢北萍，2010. 含砂盐水对钻头钴基胎体材料冲蚀腐蚀磨损的试验研究[J]. 地质科技情报(29)：139-142.

张义东，2010. 金刚石钻头热压烧结工艺研究[D]. 长沙：中南大学.

张志，董福安，伍友利，2005. 二维灰度图像的分形维数计算[J]. 计算机应用(25)：2853-2854.

赵春梅，贾梦秋，霍金花，2000. 苦咸水中氯离子对铜腐蚀行为的影响[J]. 北京化工大学学报(自然科学版)(2)：62-65.

赵华莱，2007. 油套管及封隔器用钢在封隔液环境下的电偶腐蚀行为研究[D]. 成都：四川大学.

朱禄发，2016. 316L、2205不锈钢的海水腐蚀磨损行为研究[D]. 成都：成都理工大学.

卓城之，鲁小林，韩德忠，等，2009. 纳米Al_2O_3颗粒增强Ni基复合镀渗合金层的腐蚀磨损性能研究[J]. 南京大学学报(自然科学)(45)：211-217.

BESTE U, HARTZELL T, ENGQVIST H, et al., 2001. Surface damage on cemented carbide rock-drill buttons[J]. Wear(249)：324-329.

BOUKANTAR A, DJERDJARE B, GUIBERTEAU F, et al., 2021. A critical comparison of the tribocorrosive performance in highly-alkaline wet medium of ultrafine-grained WC cemented carbides with Co, Co+Ni, or Co+Ni+Cr binders[J]. International Journal of Refractory Metals and Hard Materials(95)：105 452.

BRATU F, BENEA L, CELIS J, 2007. Tribocorrosion behaviour of Ni-SiC composite coatings under lubricated conditions[J]. Surface & Coatings Technology(201):6940-6946.

CHO J E,HWANG S Y,KIM K Y,2006. Corrosion behavior of thermal sprayed WC cermet coatings having various metallic binders in strong acidic environment[J]. Surface and Coatings Technology(200):2653-2662.

CRIADO M,MARTÍNEZ-RAMIREZ S,BASTIDAS J M,2015. A Raman spectroscopy study of steel corrosion products in activated fly ash mortar containing chlorides [J]. Construction and Building Materials(96):383-390.

CUI X, WANG C, KANG J, et al., 2017. Influence of the corrosion of saturated saltwater drilling fluid on the tribological behavior of HVOF WC-10Co4Cr coatings[J]. Engineering Failure Analysis(71):195-203.

DA SILVA A, DE SOUZA C P, GOMES U U, et al., 2000. A low temperature synthesized NbC as grain growth inhibitor for WC-Co composites[J]. Materials Science and Engineering A(293):242-246.

DEMIRCIOĞLU A,DEMIR K Ç,2021. Effects of annealing on structural,morphological, and corrosion properties of α-Fe_2O_3 thin films[J]. Journal of Electronic Materials(50):2750-2760.

DENG Y,HANDOKO A D,DU Y,et al.,2016. In situ Raman spectroscopy of copper and copper oxide surfaces during electrochemical oxygen evolution reaction:identification of Cu Ⅲ oxides as catalytically active species[J]. ACS Catalysis(6):2473-2481.

DING H,DAI Z,ZHOU F,et al.,2007. Sliding friction and wear behavior of TC11 in aqueous condition[J]. Wear,263(1-6):117.

DING H, HIHARA L, 2006. Electrochemical behavior of boron carbide and galvanic corrosion of boron carbide reinforced 6092 aluminum composites[J]. ECS Transactions(1): 103-114.

FINK J,1986. Electrochemical aspects of WC-Co drill bit wear[J]. Wear(108):97-101.

FINŠGAR M,MILOŠEV I,2010. Inhibition of copper corrosion by 1,2,3-benzotriazole:A review[J]. Corrosion Science(52):2737-2749.

GANT A J,GEE M G,MAY A T,2004. The evaluation of tribo-corrosion synergy for WC-Co hardmetals in low stress abrasion[J]. Wear(256):500-516.

GARCÍA J,COLLADO C V,BLOMQVIST A,et al.,2019. Cemented carbide microstructures: a review[J]. International Journal of Refractory Metals and Hard Materials(80):40-68.

GHOSH S,CELIS J,2013. Tribological and tribocorrosion behaviour of electrodeposited CoW alloys and CoW-WC nanocomposites[J]. Tribology International(68):11-16.

GORDOL E, NEVES R, FERRARI B, 2016. Corrosion and tribocorrosion behavior of Ti-alumina composites[J]. Key Engineering Materials(704):28-37.

HENRY P,TAKADOUM J,BERÇOT P,2009. Tribocorrosion of 316L stainless steel and TA6V4 alloy in H_2SO_4 media[J]. Corrosion Science(51):1308-1314.

HOCHSTRASSER S, MUELLER Y, LATKOCZY C, et al., 2007. Analytical characterization of the corrosion mechanisms of WC-Co by electrochemical methods and inductively coupled plasma mass spectroscopy[J]. Corrosion Science(49):2002-2020.

HOENIG S,ZANONI R,GRIFFITH J,1983. Application of electrochemical technology to the improvement of rock-drilling systems[J]. Wear(86):247-256.

HU W, LI L, LI G, et al, 2009. High-quality brookite TiO_2 flowers: synthesis, characterization,and dielectric performance[J]. Crystal Growth & Design(9):3676-3682.

HUANG Y J, HU Q D, BRUNO N M, et al., 2015. Giant elastocaloric effect in directionally solidified Ni-Mn-In magnetic shape memory alloy[J]. Scripta Materialia(105): 42-45.

HUMAN A M, ROEBUCK B, EXNER H E, 1998. Electrochemical polarisation and corrosion behaviour of cobalt and Co(W,C) alloys in 1 N sulphuric acid[J]. Materials Science and Engineering A(241):202-210.

HUSSAINOVA I,2001. Some aspects of solid particle erosion of cermets[J]. Tribology International(34):89-93.

HUSSAINOVA I, 2003. Effect of microstructure on the erosive wear of titanium carbide-based cermets[J]. Wear(255):121-128.

HUSSAINOVA I,KUBARSEPP J,PIRSO J,2001. Mechanical properties and features of erosion of cermets[J]. Wear(250-251):818-825.

HUSSAINOVA I, PIRSO J, ANTONOV M, et al., 2007. Erosion and abrasion of chromium carbide based cermets produced by different methods[J]. Wear(263):905-911.

HUTTUNEN-SAARIVIRTA E, ISOTAHDON E, METSäJOKI J, et al., 2018. Tribocorrosion behaviour of aluminium bronze in 3. 5 wt. % NaCl solution[J]. Corrosion Science(144):207-223.

IGE O, ARIBO S, OBADELE B, ETC, 2017. Erosion-corrosion behaviour of spark plasma sintered WC- 12Co in aggressive media[J]. International Journal of Refractory Metals and Hard Materials(66):36-43.

JAYARAJ J,OLSSON M,2021. Effect of tribo-layer on the corrosion behavior of WC-Co and WC-Ni cemented carbides in synthetic mine water[J]. International Journal of Refractory Metals and Hard Materials(100):105 621.

JIA K,FISCHER T E,1996. Abrasion resistance of nanostructured and conventional cemented carbides[J]. Wear(200):206-214.

KARABULUT S,KARAKOC H,C1TAK R,2016. Influence of B_4C particle reinforcement on mechanical and machining properties of Al6061/B_4C composites[J]. Composites Part B: Engineering(101):87-98.

KATIYAR P K,2020. A comprehensive review on synergy effect between corrosion and wear of cemented tungsten carbide tool bits:A mechanistic approach[J]. International Journal of Refractory Metals and Hard Materials(92):105 315.

KATIYAR P K, RANDHAWA N S, 2019. Corrosion behavior of WC-Co tool bits in simulated (concrete, soil, and mine) solutions with and without chloride additions[J]. International Journal of Refractory Metals and Hard Materials(85):105 062.

KELLNER F, HILDEBRAND H, VIRTANEN S, 2009. Effect of WC grain size on the corrosion behavior of WC-Co based hardmetals in alkaline solutions[J]. International Journal of Refractory Metals and Hard Materials(27):806-812.

KEMBAIYAN K, KESHAVAN K, 1995. Combating severe fluid erosion and corrosion of drill bits using thermal spray coatings[J]. Wear(186-187):487-492.

KHIATI Z, OTHMAN A A, SANCHEZ-MORENO M, et al., 2011. Corrosion inhibition of copper in neutral chloride media by a novel derivative of 1,2,4-triazole[J]. Corrosion Science(53):3092-3099.

KIM K Y, BHATTCHARYYA S, AGARWALA V S, 1981. An Electrochemical Polarization Technique for Evaluation of Wear-Corrosion in Moving Components Under Stress[J]. Wear of Materials(3):772-778.

KOK Y N, AKID R, HOVSEPIAN P E, 2005. Tribocorrosion testing of stainless steel (SS) and PVD coated SS using a modified scanning reference electrode technique[J]. Wear (259):1472-1481.

KONADU D S, VAN DER MERWE J, POTGIETER J H, et al., 2010. The corrosion behaviour of WC-VC-Co hardmetals in acidic media[J]. Corrosion Science(52):3118-3125.

KÜBARSEPP J, JUHANI K, TARRASTE M, 2022. Abrasion and erosion resistance of cermets: A review[J]. Materials(15):69.

KÜBARSEPP J, KLAASEN H, PIRSO J, 2001. Behaviour of TiC-base cermets in different wear conditions[J]. Wear(249):229-234.

LAJEVARDI S, SHAHRABI T, SZPUNAR J, 2017. Tribological properties of functionally graded Ni-Al_2O_3 nanocomposite coating[J]. Journal of the Electrochemical Society(164): 275-281.

LARSEN-BASSE J, 1973. Wear of hard-metals in rock drilling: a survey of the literature [J]. Powder Metallurgy(16):1-32.

LI G, PENG Y, YAN L, et al., 2020. Effects of Cr concentration on the microstructure and properties of WC-Ni cemented carbides[J]. Journal of Materials Research and Technology (9): 902-907.

LI S, TEAGUE M T, DOLL G L, et al., 2018. Interfacial corrosion of copper in concentrated chloride solution and the formation of copper hydroxychloride[J]. Corrosion Science(141):243-254.

LIN N, HE Y, WU C, et al., 2014. Influence of TiC additions on the corrosion behaviour of WC-Co hardmetals in alkaline solution[J]. International Journal of Refractory Metals and Hard Materials(46):52-57.

MACHIO C N,KONADU D S,POTGIETER J H,et al.,2013. Corrosion of WC-VC-Co hardmetal in neutral chloride containing media[J]. International Scholarly Research Notices (2013):1-10.

MALFATTI C,VEIT H,SANTOS C,2009. Heat treated NiP-SiC composite coatings: elaboration and tribocorrosion behaviour in NaCl solution[J]. Tribology Letter(36):165-173.

MARIJA B,PETROVI Č M,,MILAN B R,et al.,2017. Imidazole based compounds as copper corrosion inhibitors in seawater[J]. Journal of Molecular Liquids(225):127-136.

MARTÍNEZ D,GONZALEZ R,MONTEMAYOR K,et al.,2009. Amine type inhibitor effect on corrosion-erosion wear in oil gas pipes[J]. Wear(267):255-258.

MASLAR J E,HURST W S,BOWERS W J,et al.,2001. In situ Raman spectroscopic investigation of chromium surfaces under hydrothermal conditions [J]. Applied Surface Science(180):102-118.

MIRARCO A,FRANCIS S M,BADDELEY C J,et al.,2018. Effect of the pH in the growth of benzotriazole model layers at realistic environmental conditions [J]. Corrosion Science(143):107-115.

MISCHLER S,DEBAUD S,LANDOLT D,1998. Wear-accelerated corrosion of passive metals in tribocorrosion systems[J]. Journal of The Electroch emical Society(145):750-758.

MIYOSHI K,RENGSTORFF G W P,1989. Wear of iron and nickel in corrosive liquid environments[J]. Corrosion(45):266-273.

MUNOZ A I, ESPALLARGAS N, MISCHLER S, 2020. Tribocorrosion [M]. Switzerland: Springer Cham.

NEVILLE A, REYES M, XU H, 2002. Examining corrosion effects and corrosion/erosion interactions on metallic materials in aqueous slurries [J]. Tribology International (35):643-650.

NIE S,XU W,YIN F,et al.,2019. Investigation of the tribological behaviour of cermets sliding against Si_3N_4 for seawater hydraulic components applications [J]. Surface Topography: Metrology and Properties(7):45 025.

OKAMOTO S, NAKAZONO Y, OTSUKA K, et al., 2005. Mechanical properties of WC/Co cemented carbide with larger WC grain size[J]. Materials Characterization(55):281-287.

PANAGOPOULOS C N,GEORGIOU E P,MARKOPOULOS C,2013. Corrosion and wear of zinc in various aqueous based environments[J]. Corrosion Science(70):62-67.

PAROOK F K,VAITHIANATHAN S,RUPESH K B,et al.,2015. Effect of benzotriazole on corrosion inhibition of copper under flow conditions[J]. Journal of Environmental Chemical Engineering(3):10-19.

PENG L,PAN B,LIU Z,et al.,2020. Investigation on abrasion-corrosion properties of

WC-based composite with fractal theory[J]. International Journal of Refractory Metals and Hard Materials(87):105-142.

PENG L, PAN B, YAO Y, et al., 2019. Tribocorrosion properties of polycrystalline diamond compact in saline environment[J]. International Journal of Refractory Metals and Hard Materials(81):307-315.

PERRY J,2001. Erosion-corrosion of WC-Co-Cr cermet coatings[D]. Glasgow: University of Glasgow.

PIRSO J, VILJUS M, LETUNOVITŠ S, et al., 2011. Three-body abrasive wear of cermets[J]. Wear(271):2868-2878.

POKHMURSKII V I,ZIN I,VYNAR V,et al.,2011. Contradictory effect of chromate inhibitor on corrosive wear of aluminium alloy[J]. Corrosion Scienc(53):904-908.

POKHMURSKYI V,VASYLIV K,VYNAR V,et al.,2016. Effectof alloying components on the tribocorrosion properties of tungsten-carbide cermets [J]. Materials Science (51): 869-877.

RAJABI A,GHAZALI M J,SYARIF J,et al.,2014. Development and application of tool wear:A review of the characterization of TiC-based cermets with different binders[J]. Chemical Engineering Journal(255):445-452.

RESHETNYAK H,KUYBARSEPP J,1994. Mechanical properties of hard metals and their erosive wear resistance[J]. Wear(177):185-193.

REYES M, NEVILLE A, 2003. Degradation mechanisms of Co-based alloy and WC metal-matrix composites for drilling tools offshore[J]. Wear(255):1143-1156.

SALASI M,STACHOWIAK G,2011. Three-body tribocorrosion of high-chromium cast irons in neutral and alkaline environments[J]. Wear(271):1385-1396.

SARKAR N,CHAUDHURI B B,1994. An efficient differential box-counting approach to compute fractal dimension of image[J]. IEEE Transactions on Systems, Man, and Cybernetics(24):115-120.

SCHNYDER B, STÖSSEL-SITTIG C, KÖTZ R, et al., 2004. Investigation of the electrochemical behaviour of WC-Co hardmetal with electrochemical and surface analytical methods[J]. Surface Science(566-568):1240-1245.

SENATORE E V,TALEB W,OWEN J,et al.,2018. Evaluation of high shear inhibitor performance in CO_2-containing flow-induced corrosion and erosion-corrosion environments in the presence and absence of iron carbonate films[J]. Wear(405):143-152.

SILVA J,ALVES A,PINTO A,et al.,2017. Corrosion and tribocorrosion behavior of Ti-TiB-TiNx in-situ hybrid composite synthesized by reactive hot pressing[J]. Journal of the Mechanical Behavior of Biomedical Materials(74):195-203.

SINGHAL A,PAI M R,RAO R,et al.,2013. Copper (I) oxide nanocrystals-one step synthesis,characterization,formation mechanism,and photocatalytic properties[J]. European

Journal of Inorganic Chemistry(14):2640-2651.

SINNETT-JONES P E, WHARTON J A, WOOD R, 2005. Micro-abrasion-corrosion of a CoCrMo alloy in simulated artificial hip joint environments[J]. Wear(259):898-909.

SOUZA V, NEVILLE A, 2003. Corrosion and erosion damage mechanisms during erosion-corrosion of WC-Co-Cr cermet coatings[J]. Wear(255):146-156.

SUKHORUKOVA I V, SHEVEYKO A N, SHVINDINA N V, et al., 2017. Approaches for controlled Ag^+ ion release: influence of surface topography, roughness, and bactericide content[J]. ACS Applied Materials & Interfaces(9):4259-4271.

SUTTHIRUANGWONG S, MORI G, KÖSTERS R, 2005. Passivity and pseudopassivity of cemented carbides[J]. International Journal of Refractory Metals & Hard Materials(23):129-136.

TANG C, WANG C, CHIEN S, 2008. Characterization of cobalt oxides studied by FT-IR, Raman, TPR and TG-MS[J]. Thermochimica Acta(473):68-73.

THAKARE M R, 2008. Abrasion-corrosion of downhole drill tool components[D]. Southampton: University of Southampton.

THAKARE M R, WHARTON J A, WOOD R J K, et al., 2007. Exposure effects of alkaline drilling fluid on the microscale abrasion-corrosion of WC-based hardmetals[J]. Wear (263):125-136.

THAKARE M R, WHARTON J A, WOOD R J K, et al., 2009. Investigation of micro-scale abrasion-corrosion of WC-based sintered hardmetal and sprayed coating using in situ electrochemical current-noise measurements[J]. Wear(267):1967-1977.

TIAN J, LI B, ZHAO L, et al., 2010. Microstructure and mechanical behaviors of in situ TiC particulates reinforced Ni matrix composites[J]. Materials Science and Engineering A (527):3898-3903.

TOMA D, BRANDL W, MARGINEAN G, 2001. Wear and corrosion of thermally sprayed cermet coatings[J]. Surface and Coating Technology(138):149-158.

TOMLINSON W J, AYERST N J, 1989. Anodic polarization and corrosion of WC-Co hardmetals containing small amounts of Cr_3C_2 and/or VC[J]. Journal of materials science (24):2348-2352.

TOMPSETT G A, BOWMAKER G A, Cooney R P, et al., 1995. The Raman spectrum of brookite, TiO_2(Pbca, Z=8)[J]. Journal of Raman Spectroscopy(26):57-62.

TOPTAN F, ALVES A, KERTI I, et al., 2013. Corrosion and tribocorrosion behaviour of Al-Si-Cu-Mg alloy and its composites reinforced with B_4C particles in 0.05 M NaCl solution[J]. Wear(306):27-35.

TRACEY V A, 1992. Nickel in hardmetals[J]. International Journal of Refractory Metals and Hard Materials(11):137-149.

VIEIRA A, ROCHA L, MISCHLER S, 2011. Influence of SiC reinforcement particles on the tribocorrosion behaviour of Al-SiCp FGMs in 0.05M NaCl solution[J]. Journal of Physics D: Applied Physics(44):185-301-185-309.

WAN W, XIONG J, GUO Z, et al., 2013. Effects of Cr_3C_2 addition on the erosion-corrosion resistance of Ti(C,N)-based cermets in alkaline conditions[J]. Tribology International(64): 178-186.

WANG J, LIU Y, ZHANG P, et al., 2009. Effect of VC and nano-TiC addition on the microstructure and properties of micrometer grade Ti(CN)-based cermets[J]. Materials & Design(30):2222-2226.

WANG W, LIU Z, LIU Y, et al., 2003. A simple wet-chemical synthesis and characterization of CuO nanorods[J]. Applied Physics A(76):417-420.

WANG Z, CHEN X, GONG Y, et al., 2018. Tribocorrosion behaviours of cold-sprayed diamond-Cu composite coatings in artificial sea water[J]. Surface Engineering(34):392-398.

WATSON S W, FRIEDERSDORF F J, MADSEN B W, et al., 1995. Methods of measuring wear-corrosion synergism[J]. Wear(181):476-484.

WEISER P F, BEEK F H, FONTANA M G, 1973. An investigation of synergism between wear and corrosion in slurry erosion[J]. Materials Performance(12):34-39.

WENTZEL E, ALLEN C, 1997. The erosion-corrosion resistance of tungsten-carbide hard metals[J]. International Journal of Refractory Metal and Hard Materials(15):81-87.

WITTMANN B, SCHUBERT W, LUX B, 2002. WC grain growth and grain growth inhibition in nickel and iron binder hardmetals[J]. International Journal of Refractory Metals and Hard Materials(20):51-60.

XIONG S, LI Y, SUN J, et al., 2017. An integrated computation and experiment investigation on the adsorption mechanisms of anti-wear and anti-corrosion additives on copper[J]. Journal of Physical Chemistry C(121):21 995-22 003.

XU J F, JI W, SHEN Z X, et al., 1999. Raman spectra of CuO nanocrystals[J]. Journal of Raman Spectroscopy(30):413-415.

YANG J Y, SONG Y W, DONG K H, et al., 2023. Research progress on the corrosion behavior of titanium alloys[J]. Corrosion Reviews(41):5-20.

YASIR M, ZHANG C, WANG W, et al., 2016. Tribocorrosion behavior of Fe-Based amorphous composite coating reinforced by Al_2O_3 in 3.5% NaCl solution[J]. Journal of Thermal Spray Technology(25):1554-1560.

YIN F, WANG Y, JI H, et al., 2021. Impact of sliding speed on the tribological behaviors of cermet and steel balls sliding against SiC lubricated with seawater[J]. Tribology Letters(69):1-16.

ZHAI X, JI H, NIE S, et al., 2021. Effect of different Ni concentration on the corrosion and friction properties of WC-hNi/SiC pair lubricated with seawater[J]. International Journal of Refractory Metals and Hard Materials(102):105 727.

ZHANG H,GAO K,YAN L,et al.,2017. Inhibition of the corrosion of X70 and Q235 steel in CO_2-saturated brine by imidazoline-based inhibitor[J]. Journal of Electroanalytical Chemistry(791):83-94.

ZHANG H,LI X,DU C,et al.,2009. Raman and IR spectroscopy study of corrosion products on the surface of the hot-dip galvanized steel with alkaline mud adhesion[J]. Journal of Raman Spectroscopy(40):656-660.

ZHANG X,XIAO K,DONG C,et al.,2011. In situ Raman spectroscopy study of corrosion products on the surface of carbon steel in solution containing Cl^- and SO_4^{2-} [J]. Engineering Failure Analysis(18):1981-1989.

ZHAO H,CAO L,WAN Y,et al.,2018. Effect of sodium octanoate on the tribocorrosion behaviour of 5052 aluminium alloy [J]. Tribology-Materials, Surfaces & Interfaces(12):1-8.

ZHU Y Y,KELSALL G H,SPIKES H A,1994. The influence of electrochemical potentials on the friction and wear of iron and iron oxides in aqueous systems[J],Tribology Transactions(37):4,811-819.

SIMSIR M,ÖKSÜZ K E,SAHIN Y,2011. Investigation of the wear behavior of B_4C reinforced Fe/Co matrix composites produced by hot press[J]. Procedia Engineering(10): 3195-3201.